LES
CENT-UN
COIFFEURS
DE TOUS LES PAYS,

Ouvrage spécial

Fondé par Croisat, Professeur,

AUTEUR DE LA MÉTHODE,
FONDATEUR DE L'ACADÉMIE DE COIFFURE,
BREVETÉ DU GOUVERNEMENT,

et de S. A. R.

ANNA DE JÉSUS MARIA,
INFANTE DE PORTUGAL.

TROISIÈME ANNÉE.

ON SOUSCRIT A PARIS,
CHEZ L'ÉDITEUR, RUE DE L'ODÉON 33.
ET CHEZ LES LIBRAIRES DE TOUS LES PAYS.

Nota. La Collection des deux premières années, brochée en un fort volume, prix 15 fr.

1839.

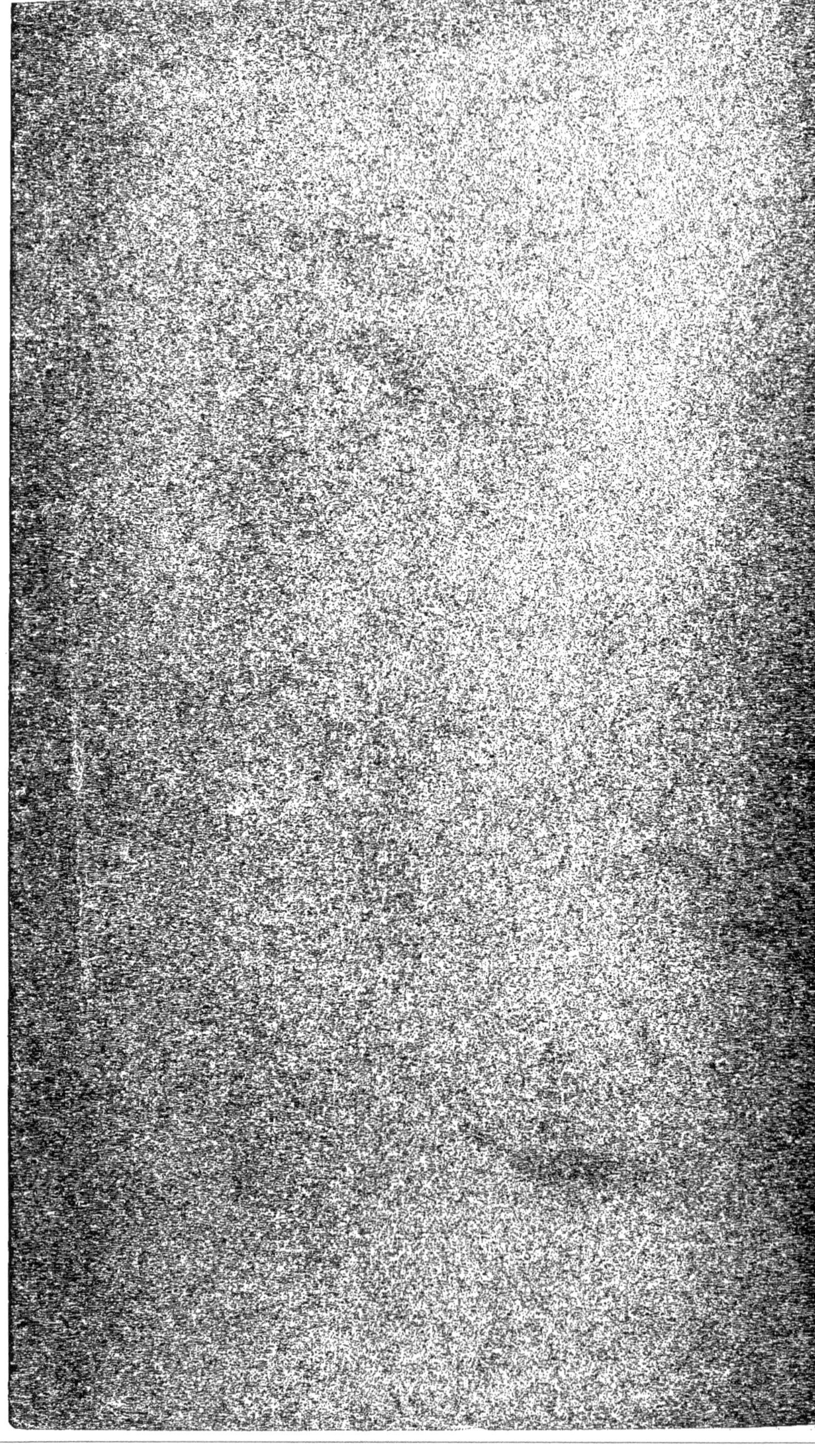

LES
CENT-UN
COIFFEURS
DE TOUS LES PAYS,

Ouvrage

Publié par Croisat, Professeur,

AUTEUR DE LA MÉTHODE,

FONDATEUR DE L'ACADÉMIE DE COIFFURE,

BREVETÉ DU GOUVERNEMENT,

ET

Éditeur du Journal des Modes

LE CAPRICE.

On souscrit à Paris,

CHEZ L'ÉDITEUR, RUE DE L'ODÉON, 31 BIS,

ET AU BUREAU D'ABONNEMENT,

ARCADE COLBERT, 10.

—

1836.

Imprimerie de FÉLIX MALTESTE et Cie, rue Traînée, n. 15 et 17, près Saint-Eustache.

LES
CENT - UN
COIFFEURS
DE TOUS LES PAYS,

Ouvrage spécial

Fondé par **Croisat**, *Professeur,*

DE COIFFURE.

3ᵉ. ANNÉE *.

A mes chers Collaborateurs et à tous les Souscripteurs du Cent-Un,

S'il est un plaisir bien doux pour moi, c'est de pouvoir m'entretenir avec mes confrères amis du progrès; c'est de pouvoir raisonner coiffure avec tous ces artistes qui, comme moi, enrichissent ce livre de leurs œuvres ainsi qu'avec les mille souscripteurs venus de tous les points du globe pour se procurer l'ouvrage qui doit émanciper la coiffure, cet art inapprécié de nos jours!.. Oui mon bonheur est au comble lorsque, amenant la conversation sur ce terrain, nous parvenons à trouver des difficultés nouvelles, car c'est en travaillant ainsi qu'on se perfectionne et que nous pourons un jour être appelés parfaits coiffeurs.

Parfait coiffeur! oh que ce titre serait doux à mon oreille! oh combien aussi je serais heureux de le voir accorder à tous les membres de ma société (1) par les femmes, les seuls êtres qui aient compris tout ce qu'il faut de goût, de tact, d'adresse pour savoir augmenter les attraits que la nature leur donne ou bien pour voiler les disgrâces de l'âge et les torts qu'elle commet dans ses momens d'oubli. Pour arriver à ce résultat sublime il est un moyen qui est lent, mais infaillible : c'est d'étudier, de rechercher et de faire des expériences, toutes choses qui demandent et exigent de la patience et de la mesure, afin de ne pas tomber dans la confusion. Qu'il me soit permis de dire cette vérité à quelques uns de nos confrères qui, confondant cette *publication spéciale* avec des *journaux* de *mode*, ne souscrivent seulement qu'à six livraisons, (six mois) afin, disent-ils, d'avoir tout juste quelques planches de coiffures dans la saison du travail.

* Cette année, pensant faire plaisir à la masse des souscripteurs, je ferai sortir une livraison de plus en janvier, et comme il y en aura une de moins en été, ce sera probablement le mois d'août que je choisirai pour établir la compensation.

(1) Les Cent-un Coiffeurs, c'est-à-dire tous les Souscripteurs, les collaborateurs en tête, composons une Société ayant pour objet la publication de ce grand ouvrage ; c'est ainsi que l'annonce fut faite en septembre 1836, annonce qui donna l'idée à M. Mariton de créer la concurrence de ce qu'il appèle le Journal des Coiffeurs.

La saison du travail! mais cette saison devrait durer l'année entière dans un état qui fournit plusieurs genres d'occupations? mais le coiffeur intelligent doit trouver sans cesse à s'occuper? voyez en hiver, les réunions, les bals et les spectacles, ne procurent-ils pas des coiffures parées à profusion? il s'en fait peu, me dira-t-on, parceque des modistes vendent les coiffures toutes confectionnées; à cela je répondrai, soyez modistes vous-mêmes, sachez établir les bonnets et les turbans et vous aurez tout : recevez cet ouvrage tout le long de l'année, ayez même la collection depuis le 15 Novembre 1836, c'est à dire depuis son origine; étudiez soigneusement tous les chapitres de fond, les leçons scientifiques et même une partie des descriptions, et alors vous aurez le monopole de toute la coiffure parée; mais si parcourant les livraisons parues il arrivait que vous ne trouvassiez pas un indice dont vous auriez besoin, ne venez pas pour cela me reprocher que l'ouvrage est incomplet; car, alors je vous répéterais encore : patience, nous ne faisons que d'entamer le troisième volume, tandis que ce traité en comprendra dix; d'ailleurs d'habitude je procède par ordre autant qu'il est en mon pouvoir, et l'on comprendra que je ne veuille pas déroger à mes principes dans une entreprise aussi sérieuse que celle-ci; après une chose en vient une autre, nous avons analysé et disséqué la coiffure du Siècle de Louis XIV, l'antique a eu son tour de faveur; la Fantaisie, le Chignon, la Chinoise, voire même la Giraffe, tout a joui des honneurs de la vogue, la plume et le burin constatent cette vérité; à la Renaissance maintenant, oui, à la Renaissance, mais cette fois, traitons du moins la mode à fond, de manière à savoir non seulement coiffer dans le nouveau système, mais encore, en raisonner entre artistes ainsi qu'avec nos aimables clients qui sont bien aise de savoir ce que nous voulons faire de leurs minois. Il est temps que nous sachions d'où nous venons et ce que nous faisons? déchirons le voile et sachons voir les trésors qui s'offrent à nous; sachons enfin défricher le vaste champ que nous ouvrent les parures des Châtelaines... Le Coiffeur intelligent doit trouver à remplir son temps utilement tout le long de l'année, en effet, après la saison des plaisirs ne voyons nous pas arriver le printemps avec ses mille mariages et ses mille festins? ah, c'est alors qu'il fait bon de recevoir cet ouvrage, n'est-ce pas lui qui vient nous offrir à cette époque de réjouissance, les nouvelles poses de voiles, de barbes et les plus élégantes parures de fleurs? ajoutez à cela que les descriptions sout toujours faites de manière à pouvoir reproduire le travail de chaque coiffeur.

L'été vient, alors, c'est *Bouchereau*, *Stanislas*, *Delvalés*, *Galabert*, et d'autres artistes non moins habiles qui, donnant un nouvel essort à la coupe des cheveux, attirent la foule des coquets dans nos salons.

Disons aussi, que les articles traitant du postiche, tels que la préparation des cheveux, ceux donnant des détails sur la fabrication des raies de chairs, une foule de recettes d'articles de parfumeurs qui ont paru ou qui paraîtront successivement, disons que tout souscripteur qui veut dans la saison des vacances s'en occuper un peu pourra tirer de cet ouvrage un parti avantageux sous tous les rapports; et puis, quand ce ne serait que par intérêt pour la prospérité de l'état qu'on exerce, et aussi pour soutenir la constance d'un homme qui se dévoue et se sacrifie même pour relever la coiffure, on devrait, d'autant que le prix en est très minime, ne jamais souscrire pour moins d'un volume (une année) ou bien s'abstenir...

Que dirai-je de ces confrères peu délicats, qui reçoivent toute une année et ne veulent payer que six mois? et ces autres qui, par un faux fuyant s'arrangent

COIFFURES

À LA

RENAISSANCE

Inventées par Croisat.

On souscrit à la Direction, rue de l'Odéon, 33.

pour ne rien payer du tout. Ah! c'est une chose inconcevable , heureusement que ces gens là ne sont pas en grand nombre, car autrement, en vérité, on ne saurait y tenir. Aussi voulant doubler de soins et de zèle pour les volumes à venir, me verrai-je forcé au commencement de l'année de faire présenter ma quittance afin de savoir sur quels souscripteurs je dois compter, c'est d'ailleurs l'usage adopté dans ces sortes d'entreprises. Voulant offrir un avantage aux personnes exactes, j'ai décidé que tout souscripteur qui fera payer dans les bureaux à l'avance, à Paris, jouira d'une remise de cinq pour cent.

Mes bons et fidèles amis, l'âme de la société du *Cent-un*, voudront bien en pas se fâcher de cette mesure d'ordre et, me prêtant toujours l'appui de leurs talents, ils voudront bien aussi m'adresser leurs coiffures ainsi que leurs articles comme par le passé, je leur en aurai une reconnaissance sincère.

C'est dans cet espoir que je commence le troisième volume et que je les prie d'agréer l'assurance de ma considération distinguée
avec la quelle j'ai l'honneur d'être leur très humble et très dévoué serviteur.

CROISAT.

COIFFURES A LA RENAISSANCE,

Inventées et exécutées dans la Séance extraordinaire ,
le 31 octobre 1838 , Salle de la Redoute.

Il ne suffisait pas d'avoir donné naissance à un nouveau système de travail; il fallait répandre les nouvelles coiffures afin de les faire connaître et de les faire aimer. Le *Cent-et-Un* avait déjà donné l'éveil dans sa 24e livraison; mais une description écrite ne pouvant suffire à tous mes confrères , je résolus de travailler à la *Renaissance* devant une assemblée de coiffeurs, de fleuristes, de modistes, de couturières et de peintres de portraits. Dès lors une lettre fut imprimée et envoyée à un grand nombre de personnes de ces diverses professions. Voici la teneur de cette lettre circulaire :

Mercredi, 31 octobre, à sept heures et demie du soir, rue de Grenelle-Saint-Honoré, n° 47, séance extraordinaire de coiffure pour la démonstration du genre dit : LA RENAISSANCE, nouvellement inventé par CROISAT, fondateur de l'académie de coiffure et directeur du *Cent-et-Un.*

Cette séance, qui n'a d'autre objet que le développement de coiffures faciles, pour les coiffeurs seulement, offrira néanmoins quelque intérêt aux fleuristes, bijoutiers, modistes et peintres de portraits, par la confection, séance tenante , de diverses montures de fleurs ; la forme donnée aux bijoux, la confection d'un bonnet et d'un turban, ainsi que les détails dans lesquels le professeur entrera relativement à l'art d'harmoniser la coiffure avec les traits, l'âge et la stature.

Dans le cours de la soirée on distribuera la gravure des six coiffures.

PROGRAMME. — *Exécution d'un morceau d'harmonie.*
Première coiffure. — Turban sans épingles (1).
2. — Coiffure de jeune personne, avec des rangs de perles.
3. — Coiffure de jeune femme, avec une guirlande d'un genre nouveau.
4. — Coiffure-bonnet, avec dentelles et fleurs.

(1) Ce travail étant fini, un commissaire fera parcourir à la dame coiffée, tous les rangs des spectateurs, et pendant ce temps, l'orchestre exécutera de grands airs ; à chaque coiffure le même cérémonial aura lieu.

5. — Coiffure riche de bijoux.
6. — Turban bâti sur des fleurs.
7. — Description des six coiffures, et analyse du type LA RENAISSANCE.

Je laisse à penser si la circulaire étonna le public; de la musique dans une séance de coiffure! Un turban sans épingles, un autre bâti sur des fleurs! Et puis quatre coiffures *renaissance* exécutées là, devant un auditoire d'artistes, tous connaisseurs!!! Les uns s'écriaient : Oh! c'est bien là Croisat! Les autres disaient : Il faut qu'il soit sûr de lui! Certains confrères que l'envie tourmente parfois, ajoutaient tout bas : Nous verrons s'il s'en acquittera aussi bien quand il sera devant nous. Et puis rien n'y a manqué : lettres anonymes, refus de billets, regards et propos jaloux; enfin c'était, devancé et escorté par des nuages aussi sombres, que je me présentai, avec mes six femmes, après l'exécution du morceau d'harmonie, devant une assemblée de 230 personnes, un châle de bourre de soie à la main, ayant deux aunes et demie de long.

La séance est ouverte... Plusieurs coiffeurs ayant resté couverts, je ne fus pas long-temps à m'apercevoir qu'il y avait dans l'auditoire des gens mal intionnés. C'est égal, je n'en fais pas moins l'annonce du turban à l'égyptienne, turban que je façonne en huit minutes, et, heureusement, à la satisfaction générale et au milieu d'une foule de bravos.

La promenade a lieu, la musique joue, et après le cérémonial, j'attaque la coiffure N° 3. Les cheveux séparés en cœur renversé, et ceux de devant réunis sur les tempes à l'aide d'une petite mèche pour qu'ils ne s'éparpillent pas, je peigne ma chevelure de derrière à plat sur le dos; cela fait, je pose mon rouleau sur le derrière de la tête, et donne à tenir les pointes qui se dirigent en avant, ce qui forme la plus belle paire de cornes qu'il est possible de voir... Cela fait rire; c'est égal, je n'en couvre pas moins mon rouleau de cheveux, et cela, en les séparant en deux par derrière, afin de pouvoir diriger à gauche les cheveux de droite et ceux de droite à gauche, ainsi qu'on le voit Planche de femmes de la 24ᵉ livraison. Cette opération terminée, je prends ma brosse mécanique oléoïne pour lisser et lustrer mon derrière de coiffure, je fais aller la clé pour que l'huile sorte; alors j'entends quelqu'un qui dit : Ah!... Je ne doutai pas que cette exclamation ne signifiât que j'en étais toujours avec mes brosses nouvelles. Mais le silence imposé à ce contradicteur par la généralité, me fit voir que j'étais en bonne compagnie, et alors je donnai pleine carrière à mon imagination.

Mon rouleau était couvert de cheveux jusqu'aux tempes et la femme le tenait de ses deux mains en l'appuyant contre sa tête, à la hauteur de l'œil; alors je saisis les cheveux des tempes et j'en couvris les bouts du rouleau que je ramenai en arrière en passant sous l'oreille, pour les assujettir, au moyen d'épingles qui traversaient le gros du rouleau et étaient ensuite repliées pour qu'elles ne s'échappassent pas. La base de la coiffure étant établie, on pouvait déjà en déchiffrer les traits principaux, aussi, pendant que je cherchais mes fleurs, un ami bienveillant qu'on avait vu sortir plusieurs fois pendant l'exécution de mes deux premières coiffures, et cela pour aller porter des nouvelles de la séance à d'autres amis qui attendaient dehors, dit tout haut : mais ce sont des cornes! Oh, alors l'individu fut obligé de changer de place car chacun lui lançait des imprécations!... du milieu où il était il fut donc obligé de se mettre sur le côté.

Je me présente devant l'auditoire avec une guirlande de fleurs à la main. Cette guirlande, dis-je, en la montrant au public est composé de trois cordons de roses, l'un a 27 pouces de longueur, et les deux autres chacun !7 pouces, la pose la voici : je prends le milieu, deux épingles me la fixent par derrière, puis je la pose sous le rouleau pour venir accompagner le visage et la perdre vers la raie de chair; cette pose plut généralement, mais la femme que je coiffais avait le col très court et le cordon flottant, quoiqu'il fut souple de la tige, lui allait horriblement, aussi eus-je le soin de dire que cette innovation ne pouvait convenir qu'à une femme ayant le col et le visage longs et se décoltant beaucoup, la guirlande à un seul rang lui aurai mieux été.

La deuxième promenade a lieu, et ensuite j'exécute la coiffure ornée de perles; voyez figure 5. Cette composition a prouvé que mon nouveau système de coiffure peut s'appliquer aux choux détachés du devant : exécution, les cheveux séparés comme dans la coiffure précédente, ils ont été placés sur un rouleau de même forme que les autres, mais n'ayant que 12 pouces de longueur et les bouts, au lieu d'être ramenés en avant, sont recourbés en arrière de manière à imiter les cornes d'un bouc; par devant, les cheveux forment des bandeaux, et des tresses artificielles, montées sur des crochets servent à former des huit en circassiennes, faisant face en avant.

Les perles qui passent dans les huit et traversent deux fois le sommet pour aller ensuite, fournir un gland sur le côté du chou, la croisure des cheveux par derrière, tout cela a paru neuf et a excité des applaudissemens.

Qu'on fasse encore de la musique et une promenade et me voilà construisant la coiffure aux épis; ah! celle là m'a réconcilié presque tous mes ennemis; figurez-vous des cheveux magnifiques lissés et parfumés à la brosse oléoïne, formant rouleau jusqu'au tempes et une superbe corde à puits à partir de cet endroit; représentez-vous trois épis de diamant plantés de chaque côté et faisant face en avant tandis que d'autres, en vert et en argent, garnissaient le tour de la tête; représentez-vous une rivière de diamants posée sur la coiffure en passant sur le sommet de la tête et un collier composé aussi de deux rangs de diamants posés d'abord dans le genre du bout de perles qui traverse le chou du N°. 5 et laissant flotter un second rang sur le bas de la fossette; ajoutez à cela que la femme n'était pas mal, et vous aurez une idée de l'enthousiasme des spectateurs lors de la promenade de rigueur.

Le turban sur les fleurs ne se fit pas longtemps attendre, et lorsque la dame aux diamants fut de retour, une autre se plaça devant la psyché pour se voir retrousser les cheveux simplement, mais avec propreté; alors je posai ma couronne de roses sans feuilles, laquelle, ayant exactement la forme du rouleau à la renaissance, fut entourée en moins de rien d'une écharpe de blonde qui serpentait autour et me fournissait des bouts, sortes d'échappés qui accompagnaient parfaitement les joues; un riche bouquet de fleurs en diamants fut placé sur le turban, mais se dirigeant en arrière pour ne pas contrarier le mouvement de la passe dont le caractère avait quelque chose de hardi.

Treize minutes, voilà tout le temps que j'ai mis à relever les cheveux en en rosette, former les bandeaux et mon turban bâti sur des fleurs.

La coiffure de la figure N°. 4 fut exécutée sur une jeune fille de treize ans, vu l'absence de la dame à qui je la destinais; M. Arlaud, voyant mon embarras, me proposa sa petite fille; à la guerre comme à la guerre, dis-je tout bas, et aussitôt la promenade du turban, je construisis mon bonnet qui était semblable à la coiffure 4, avec cette différence que vu l'exiguité de la personne, je ne laissai pas flotter les bouts sur les côtés, au contraire je les retroussai pour en former un tuyauté qui garnissait assez à propos les tempes et les oreilles.

Après la promenade de cette dernière demoiselle, et celle des six femmes à la fois, il était onze heures passées, c'est pourquoi je me suis abstenu de dire le discours annoncé, et m'en suis tenu à une petite allocution sans emphase que les auditeurs ont bien voulu saluer de quelques marques d'encouragement.

LOUIS DUPUY,

DE MONTPELLIER.

Savant, Magistrat, Guerrier, Artiste, Industriel, Philantrope, tout homme en un mot qui a marqué dans sa carrière est aujourdhui esquissé par le crayon du lithographe ou par la plume de l'historien! pourquoi lorsque tous les corps d'état aiment à connaître la vie privée des hommes qui les honorent, pourquoi, dis-je, nos souscripteurs ne liraient-ils pas avec plaisir les particularités d'un confrère dont est fier un de nos départemens. La notice de *Léonard* a d'ailleurs fait trop de plaisir à nos lecteurs pour que cette petite biographie ne reçoive un bon accueil.

Issu d'une famille de perruquier, *Louis-Dupuy* n'en fit pas moins des études assez étendues, les progrès qu'il fesait en classe, son air comme-il-faut et certaines jactances firent naître au père Dupuy l'idée de soigner l'éducation de son fils pour en faire un avocat; il voulait, disait-il avec orgueil, illustrer la famille; c'était, soutenu par cet espoir flatteur que ce brave homme travallait sans relâche pour subvenir aux dépenses du petit; malheureusement ou plutôt heureusement les espérances du père ne se réalisèrent pas. Un jour que certaine grisette au minois chiffonné, entra dans la boutique pour se faire faire une coiffure, Louis se monta l'imagination et il renonça spontanément à la robe de la bazoche pour la frisure et le déméloir; son jeune cœur battait à l'idée qu'un jour il serait admis dans l'intimité des belles dames, et qu'il jouirait aux jours de mariages, des prérogatives du coiffeur, (1) de ce jour Louis embrassa donc l'état de son père.

Fils de maître, il faisait comme tant de fils de maîtres, il s'amusait un peu; aussi les parents prirent-ils le parti de l'envoyer à Paris; là, lui disait le papa, tu mangeras de la vache enragée, tu te leveras de bonne heure et tu te coucheras tard, tu feras souvent maigre et ça te formera. En effet, en arrivant dans la Capitale, Louis entra chez *Guilloux*, rue de l'Ancienne-Comédie, homme très sévère pour les ouvriers (ce coiffeur quoiqu'il n'ait jamais eu de vogue n'en était pas moins un artiste, d'ailleurs la clientelle de la Dauphine et celle des comtesses du faubourg Saint-Germain auraient suffi pour former son goût s'il en avait eu besoin), placé près de ce bon maître, Louis s'appliqua beaucoup et sut se faire aimer, aussi monsieur Guilloux l'emmenait-il souvent chez ses nobles pratiques pour qu'il apprît la pose des ornemens et les allures du coiffeur de hauts-lieux.

(1) Nos droits autrefois reconnus de toutes les mariées, consistaient en un baiser respectueux qu'on prenait après la pose du voile, et il est à Paris des coiffeurs qui tiennent encore à cet usage, témoin le pauvre Narcisse qui, il y a environ 15 ans se fit renvoyer impitoyablement de toute une famille pour avoir pris respectueusement ce baiser.

L'ex-bachelier ne perdait pas un mot de ce que son maître lui disait et les leçons qu'il recevait à la journée lui entraient si bien dans la tête, qu'un beau jour, excité par quelques encouragemens ,et par je ne sais quel succèsprès d'une douarière de la rue Saint-Dominique, il eut l'envie de s'établir à Paris.... Ah! grand Dieu, s'écria sa mère en recevant la lettre qui lui apprenait ce dessein : Mon fils, mon espoir, se fixerait loin de moi !!! lui que toutes nos dames attendent avec impatience, lui qui leur a dit lorsqu'elles sont allées faire un tour dans la capitale, que son seul bonheur serait de les servir toujours; alors tous les moyens furent employés pour attirer le jeune homme dans sa ville natale, où du reste il se rendit bientôt.

Voilà le jeune artiste rendu dans son pays, que fait-il? ouvre-t-il une boutique donnant sur la rue, met-il dans sa montre des têtes de soies, des frisures, des tresses et des toupets pour attirer le chaland ? fi donc, des étalages, cela est de trop mauvais goût, je ressemblerais à tout le monde, ce qu'il me faut, disait-il à *Sion* son confrère et ami; ce qu'il me faut à moi, c'est un établissement paisible où je puisse rêver coiffure à mon aise, où je ne sois pas tenu en esclave comme vous autres pauvres boutiquiers. C'était imbu d'idées aussi libérales qu'il prit la clientelle de femmes du fameux Dumontel, qu'il s'installa dans un appartement donnant sur le boulevart et qu'il s'élança en cabriolet, fouet en main, sur le pavé de Montpellier.

Il ne faut pas demander si tous les confrères faisaient la grimace en voyant arriver un novateur aussi pimpant, s'ils firent beaucoup de conjectures sur le train du confrère, et s'ils se firent souvent cette question provinciale : comment peut-il faire pour subvenir à tant de frais?

Accueilli favorablement des jeunes et belles dames, Louis Dupuy écoutait peu les caquets, son but à lui c'était de plaire à un sexe auquel il consacrait son talent, aussi la haute société de sa ville, ainsi qu'un grand nombre de Parisiennes et d'Anglaises qui vont là en été pour jouir de la beauté du climat, parlent-elles de la manière la plus flatteuse de cet artiste là; j'ai même trouvé des Anglaises qui me disaient oh, je veux que mon cheveux, ho! que mon coque et mon petit torsade... bref, qui ne voulaient être coiffées que de la manière dont ce confrère les avait arrangées lors de leur séjour à Montpellier.

La première fois qu'on me cita *Loïs*, c'est ainsi que les Anglaises le nomment ordinairement, je n'y fis pas attention, mais lorsqu'on me le donna pour exemple une deuxième, une troisième et une quatrième fois, oh, alors, je me dis, est-ce un Léonard, un Plaisir ou un Alcibiade !!! il faut que je connaisse ce gaillard là, et je fis si bien, que je le vis et lui parlai dans le même mois.

Ce Confrère, le voici : il est d'une stature élevée, et il se met avec recherche; habit busqué , barbe à la romantique, paletot, etc., aussi on dit et je crois même qu'on a quelque raison, qu'il est un peu coquet ; du reste, comme il s'exprime avec aisance, ses phrases sont toujours bien tournées, et la fadaise qu'il y a chez lui tient plutôt des habitudes du grand monde qu'à des airs empruntés : bon fils, bon ami, il ne se fait jamais attendre pour rendre un service, et dans ses relations intimes on le trouve comme tous les artistes franc et gai, ami des plaisirs et de la chasse ; à ses heures de loisirs il cultive les belles ou court après le gibier, on le voit aussi fort souvent parcourir les champs et les jardins pour s'inspirer à l'aspect des fleurs ravissantes qui embaument son beau pays.

Malheureusement pour lui les fleurs ne se cueillent pas toujours sans danger et un jour où parcourant à pas légers le jardin d'une dame, au moment où il

s'apprêtait à commettre un délit horrible, quelqu'un, je ne sais si c'était un jar-
dinier, un garde ou bien un mari, un importun s'avance, saisit mon Louis par
le collet et les voilà qu'ils se battent, que dis-je, ils s'assomment! le pire de
tout c'est que l'importun avait la main très rude. Ah! monsieur Louis qu'il y
a loin de cette aventure à celle, où armé d'un fer à friser, vous terrassiez votre
rival et confrère Alien

C'EST DE L'HISTOIRE.

Si les anciens ont été des artistes admirables, c'est qu'ils ont deviné le véritable secret de l'art; je donne pour preuve de mon assertion l'exemple ci-
après : Croisat est professeur, auteur de la méthode, fondateur de l'Académie
et des *Cent-Un !*…

Si tous ces titres font honneur à un homme et sont glorieux pour le pays,
combien ses divers ouvrages ne sont-ils pas, aussi, utiles à notre art? Depuis
l'apparition de la méthode de coiffure que de progrès, de secrets révélés;
que de merveilles se sont opérées parmis les jeunes maîtres jusqu'à-lors ob-
scurs et oubliés dans la masse !… Vint ensuite l'Académie avec son réglement,
ses status et ses séances solennelles de la création de la mode… Je vois sourire
avec ironie quelques uns de mes lecteurs , pourtant, c'est de l'histoire? combien de membres qui composent l'académie de Coiffure gravissant les degrés
des examens d'un pas mal assuré, sont sortis glorieux, le front ceint de couronnes, de ce temple de la science, l'honneur de notre état, (leurs noms sont
là si l'enquête est nécessaire) aussi, est-il des artistes qui accourent chaque
jour des quatre parties du monde pour recevoir le prix que cette société
décerne au véritable talent. Est-ce là de l'histoire?

Le dernier chef-d'œuvre apparut comme une merveille : l'immortel Cent-
Un fit pousser un cri de joie à nos artistes de Paris, cri qui fut entendu dans
toutes nos provinces et que l'écho répéta dans toutes les capitales de l'univers,
aussi voit-on de toutes parts l'intérêt que cette œuvre inspire, et l'approbation
qu'elle reçoit des connaisseurs assure à son auteur un succès de vogue et
d'estime. Qu'elle sublime idée! Les pages toujours ouvertes des Cent-Un,
reçoivent sans distinction de souscripteurs chacune des compositions qui
lui sont présentées, moyen sûr de varier les caractères et de retremper chaque année l'ouvrage dans les idées progressives des jeunes maîtres dont les
imaginations sont en feu. Mais avant d'arriver à ce degré de perfection, il
fallait s'exercer et s'instruire : les cours de coiffure et de dessin apparurent
comme une lumière céleste, et nos jeunes artistes s'en emparèrent pour les
mettre à profit, (1) aussi, déjà de grands progrès couronnent-ils leurs efforts.
Arrière! arrière donc, tardifs dictateurs, l'heure de l'émancipation a sonné!!!
Vous êtes sortis trop tard de votre sommeil léthargique, de cet égoïsme coupable
qui vous perdra dans la postérité… Voyez Croisat, son nom prend le chemin
de la gloire, nos petits neveux montrant du doigt ses pages diront en souriant,
ici est Croisat!… protégé par le génie, foulant aux pieds la fortune, travaillant sans relâche à l'intérêt de la masse, puis, arrachant les dépouilles qui
lui furent ravies aux jours des secousses révolutionnaires, des mains de deux
ou trois individus que le hazard seul avait favorisé.

(1) C'est à tort que plusieurs professeurs appellent cours de coiffure les séances
données isolément; M. Croisat, chaque fois qu'il a fait un cours, a traité de la coiffure dans toutes ses parties; plusieurs fois il a fait dessiner ses élèves et il ne s'est pas
contenté d'exécuter quelques coiffures devant les spectateurs sans faire de description ni d'analyse, enfin, il est le seul qui jusqu'à présent ait fait des cours.

Fournier, coiffeur à, Paris.

Les Cent-un Coiffeurs

Sommaire

On souscrit à la Direction rue de l'Odéon, N.° 33.

1 et 2.—Coiffures composées par Croisat — 3—Coiffure par Roussel, rue d'Aboukir N.° 2.

DESCRIPTION DES COIFFURES,

26e LIVRAISON.

PLANCHE DE DAMES.

Nᵒˢ 1 et 2, Coiffures mi-Renaissance, par **CROISAT.**

Ces deux figures représentent une jeune mariée dans sa toilette du matin et celle du soir. Le matin: un voile de tulle illusion, de forme carrée, orne sa coiffure, et sept petites branches d'oranger remplissent les tuyaux formés par la tête du voile, ce qui décrit une auréole qui donne un air céleste à toute jeune personne ayant de la douceur dans les traits; du reste, comme cette coiffure est semblable à celle du soir, je ne décrirai que celle ornée de barbes.

On commence d'abord par séparer les cheveux vis-à-vis le nez en tirant sa ligne droite depuis l'épi jusqu'au front, ensuite on tire une autre ligne cintrée sur le sommet de la tête pour séparer les cheveux de devant d'avec ceux de derrière, après quoi, on peigne les cheveux sur les tempes pour préparer les *Bandeaux-Coques*, lesquels, avec l'assistance de la main de la personne, doivent être crépés dans toute leur longueur. Cette opération étant terminée, on laisse les bandeaux flotter sur les côtés et l'on s'occupe du derrière de la tête; pour cela, il faut se munir d'un rouleau de vingt pouces environ, parce que le 8 qu'on remarque à cet endroit est formé d'un seul et même morceau et de la manière ci-après : Les cheveux peignés et réunis dans la main gauche, on introduit le bout du rouleau dans le centre de la chevelure, tout comme on le ferait pour y cacher une fausse natte; après cela on tord un peu et l'on enveloppe ledit rouleau dans la chevelure en allongeant les tournants plus ou moins, selon que les cheveux sont grands; arrivé au bout du rouleau on arrête les cheveux avec un bout de fil et puis on forme le 8 qui se trouve décrit dans le nœud d'Apollon. Deux bonnes épingles suffisent pour consolider cet enlacement au travers duquel on passe les barbes; après cela on pose de chaque côté une branche d'oranger, ces branches penchant par en bas laissent de la place pour la couronne qui vient en dernier lieu s'entremêler aux bandeaux crépés.

J'observerai que pour une exécution semblable, il faut que les pendants d'oreilles soient mis à l'avance afin de descendre les côtés de manière à ce qu'ils ne gênent point le jeu des pendants.

Cette coiffure qui sied admirablement à une femme ayant le haut de la tête bien fait, n'est pas supportable lorsque les pariétaux sont applatis.

N° 3. Coiffure par **M. ROUSSEL**, rue Albouy, 2.

Cette coiffure composée d'une guirlande à la juive, de bandeaux lisses, et de tresses dentelle, d'un rouleau uni, d'une circassienne et d'un voile, ne contient ni cordons, ni épingles, ni fourchette... par quel enchantement tient-t-elle donc, et comment avez-vous pu établir votre coiffure, me dira-t-on?..Comment! Lisez ces vers et vous connaîtrez le secret pour vaincre toutes les difficultés.

> Salut, démêloir merveilleux !
>   Aux mystères de la Toilette
> Je te dus mes succès ; et je paye une dette
> Quand j'ose te chanter en langage des Dieux.
>
>   Si de Pallas la main divine
> Jadis, en façonnant l'aiguille et le fuseau,
> Fournit à la beauté maint ornement nouveau,
> Tu peux vanter aussi ta céleste origine ;
>   Et ton mérite est assez beau,
>   Toi qui, te promenant sur de flexibles tresses,
> Sait si bien embellir le front que tu caresses.
>
>   Quand de Priam l'aimable fils
> Vint juger le débat des noces de Thétis,
>   Vénus, modeste autant que belle,
>   Se méfiant de ses attraits,
>   Pour leur assurer le succès,
> Implora de l'amour et l'adresse et le zèle.
>
>   Aussitôt, vidant son carquois,
>   Parmi ses traits le Dieu fit choix
>   De ceux à forme plus légère ;
> Le Peigne, alors, naquit sous ses habiles doigts,
>   Et la pomme fut pour sa mère.

Renseignemens sur la manière d'exécuter ma coiffure.

Vous peignez vos cheveux comme pour les nouer, vous prenez une petite mêche de côté avec quoi vous les nouez, ensuite vous mettez votre natte dessus ; vous la serrez bien avec une autre petite mêche, vous prenez un passe-lacet uni, le bout de la mêche passe dedans, et vous arrêtez vos cheveux. Vous prenez ensuite un tortin de crin recouvert avec de la soie, vous tournez une mêche autour pour le fixer contre la tête ; après cela vous formez avec le tortin un cercle que vous couvrez de cheveux lisses. Vous prenez une autre mêche pour en faire une tresse que vous posez à droite du rouleau et vous cousez vos masses là où vous seriez obligé de piquer des épingles, cela tient bien et ne gêne en rien la tête. Le chou étant fini, vous faites vos nattes à jour de devant, et vous les disposez convenablement pour la figure ; vous posez votre fleur en serpentant et formant le chaperon par derrière, quant à l'écharpe, elle est tenue par une petite coque formée de bouts de cheveux ; de ce qui reste, vous en faites une torsade dont vous serrez le pied de la coiffure.

ROUSSEL.

26.e Liv.on
3.e Année
Les Cent un Coiffeurs.
On souscrit à la Direction, rue de l'Odéon, N.º 33.
Sommaire
1-Soleil par Fournier, Rue du Petit Lion S.te Sauveur, 23.
2 et 3-par Michel, Memb. de l'Académie de Coiffure,
rue de la Feuillade, 4.
4-par Cabard, à Saint-Germain.
5-par Bouvier, r. Caumartin, 34.
6-Coiffure à la Renaissance par Garrigue, de Rodez.
7-par Edard, r. N.ve S.t Eustache, 38.
8-par Laurent Membre de l'A.mie de Coiffure,
à Avignon.

PLANCHES DE TÊTES.

N. 1 Coiffure imitée d'une fleur connue sous le nom de Soleil, composée
par **FOURNIER**, approuvée par **CROISAT**.

Les cheveux sont noués avec une mêche de derrière et de manière à ce
que la ligature ait trois pouces de longueur; on assujettit au bout du lien, un
bout de rouleau de crin de deux pouces et demi, qu'on fixe avec une épingle
double et qui présente un cercle, du milieu duquel sortent les cheveux; vous
rabattez les cheveux par dessus le cercle en les retenant fortement serrés dans
la main gauche, puis, vous prenez une coulisse très fine pour les nouer sur le
lien contre ledit cercle qui se trouve, par ce moyen transformé en une pomme,
qui vous sert de pelotte pour y assujettir le 1er. rang de coques qui l'entoure;
le second rang se fait de la même manière que le premier; le tout retenu par
des épingles doubles de quinze lignes; (vous pouvez substituer aux dites épingles une coulisse, mais l'exécution en devient beaucoup plus longue), les pointes
de cheveux entourent le pied de la coiffure qui, une fois terminée, se trouve
détachée de la tête, de deux pouces.

Pour figurer le soleil, vous ajouterez quatre feuilles artificielles autour du
cœur, et un bouton près d'éclore au milieu, cela rendra l'imitation parfaite :
les épis sont fixés sur une épingle que l'on pique dans le lien, l'oiseau de paradis
et la chaîne tiennent par les procédés ordinaires. J'observerai pour cette dernière les points de rigueur, en recommandant à la personne de poser le doigt
sur le croisé de la chaîne, tant pour le conserver sur la ligne du nez que pour
la distance qu'il doit avoir d'après la coupe de figure.

N 2 et 3, Coiffures par M. **MICHEL ADOLPHE**, membre de l'Académie
de Coiffure.

Le N° 2 est composé d'un rouleau sur fil de fer, d'une épingle à tête d'or,
une écharpe de gaze et d'un épi en diamant; pour l'exécuter, il faut nouer les
cheveux à la hauteur de la ligne des yeux, les peigner et les lisser à la
brosse pour qu'ils soient doux et luisants; après cela, on prend un bout
de fil de fer double et recuit et l'on pique les deux bouts dans le cordon
et après on élève un ceintre avec les deux fils de fer : l'un de ces fils est plus
haut que l'autre de deux pouces et demi, celui d'en bas ne se détache du cordon que de trois ou quatre lignes; ce demi-cercle, une fois décrit, on le fixe
sur le côté de la tête afin de pouvoir le couvrir à son aise avec des mêches
de cheveux lisses. Lorsque ce premier tour est fait on détache l'épingle et on
en fait un second en forme de spirale qu'on couvre aussi de cheveux, et l'on
termine son rouleau sur le côté gauche du chou.

Cette opération terminée on plante son épingle d'or dans le centre de la
ligature et après on commence son chiffon par une coque tuyautée qui se
place devant le rouleau : l'étoffe est à la droite de la tête, aussi longe-t-on ce
côté pour arriver près de la touffe, endroit d'où l'on commence à élever une
passe de turban. Arrivé sur la tempe gauche, on y fixe son étoffe et l'on y
fait un bouillon qu'on assujettit par le moyen d'une petite natte faite avec les
cheveux de devant; le bout de l'écharpe flotte sur la poitrine; quant à l'épi il
tient par le secours d'un petit peigne sur lequel il est cousu.

Le N° 3 se compose de deux nattes circassiennes dont on forme quatre coques, et c'est au travers de ces anneaux de cheveux que ressort la broderie du voile ainsi que la fleur d'oranger.

Une couronne à l'antique et des touffes à l'anglaise, voilà ce qui met le complément à ma deuxième composition.

N° 4. par M. TABARD, de Saint-Germain.

Ici les cheveux sont relevés à la chinoise et la guirlande qui garnit l'un des côtés couvre les racines jusqu'à l'angle frontal; ce qui accompagne le visage aussi bien que si c'était des touffes de cheveux. Si l'on veut établir un chou pareil il faut avoir un bourrelet court, mais épais, surtout dans le milieu, pour qu'il imite un diadème.

Les deux tiers de la chevelure servent à couvrir ce rouleau, l'autre tiers est employé à former la coque tombante qui part du milieu du rouleau ainsi que le lisse qui entoure le pied du chou.

N° 5, Coiffure par M. BOUVIER, élève.

Des anglaises crépées dont les petits peignes sont couverts par des petites fleurs; une chevelure nouée et divisée en trois parties dont une est employée en une grosse coque et les deux autres en deux tresses qui décrivent deux contours gracieux, plus, une branche de fleurs posée à la jolie femme; voilà ma composition par laquelle je débute dans mon état de coiffeur.

N. 6. Coiffure à la Renaissance, par M. GARRIGUE, de Rodez.

Tout souscripteur qui a lu la description de la coiffure, N° 3. Planche de la Renaissance, doit connaître la construction de celle-ci, car je n'ai fait qu'y ajouter trois rangs de perles, sorte de réseau qui donne de l'éclat au lisse des cheveux et qui ajoute à la richesse de ce genre si bien acceuilli du public.

N° 7. Coiffure par M. ÉDARD, rue Neuve-Saint-Eustache.

Pour faire mon chou de coques, il faut attacher les cheveux assez bas et les séparer en quatre ou cinq mèches, selon que les cheveux ont de la longeur; avec chaque mèche on fait deux coques doubles, à l'exception d'une des mèches qui doit n'en former qu'une seulement, parce que les pointes de cette dernière servent à former la lame de cheveux qui s'élance sur le devant du chou.

Mon devant est tout simplement orné de tresses en sept, bordées par des petites nattes à jour cousues après coup, de deux rangs de perles et d'une légère branche de fleurs, qui est plaquée contre la tête, les perles passent par dessus la tige.

N. 8, Coupe de Cheveux à la Jeune-France, par LAURENT, d'Avignon,
membre de l'Académie de Coiffure.

Membre de l'Académie de coiffure je travaille consciencieuement, et dans ma partie (coiffures d'homme) je taille et j'ajuste selon les individus, sans pour cela friser la mode de trop loin, car c'est une chose à laquelle je tiens beaucoup; lecteur, lisez ma leçon sur la coupe, et vous en jugerez. Pour procéder par ordre dans une coupe semblable je tire une ligne qui prend de l'épi au front, juste vis-à-vis l'œil gauche; ensuite je peigne les cheveux à plat partout afin de pouvoir les couper carrément autour de la tête, laissant à ceux d'en bas neuf centimètres de longueur; cela fait, je prends les cheveux en masse dans la main gauche en les relevant d'un pouce, et dans cette position je les rafraîchis d'un demi-centimètre; en les peignant je les relève encore d'un pouce et les rafraîchis encore un peu; quand cette opération a eu lieu par toute la tête, je tire des mèches en long pour les effiler au moyen de quelques coups de pointe aux petits ciseaux et, après, je papillotte mon homme tout comme si c'était une demoiselle; puis je le frise en boucles brisées, et je termine ma coiffure par un coup de brosse mécanique, parce que la bandeauline ainsi étendue s'introduit jusque sur le cuir chevelu, et le bandeau, pour grand qu'il soit, tient admirablement.

VOULEZ-VOUS ACHETER MES CHEVEUX ?

Quel est le coiffeur qui, sachant d'où nous viennent ces millions de quintaux de cheveux que Paris prépare et débite chaque année, ne se croit transporté en Bretagne, en Auvergne, en Normandie, à la foire de Beaucaire ou au marché de Morlas, en un mot, dans une des localités où la parure naturelle ne saurait être préférée à la Cornette ou bonnet, ni même au gracieux Madras? quel est le coiffeur qui ayant fait son tour de France, et qui, par conséquent doit savoir comment les coupeurs s'annoncent dans les foires et marchés, ne croit voir, en lisant le titre de cet article, accourir au bruit du tambour d'un marchand forain ou du piou-piou des crieurs (1), ces bonnes mères de famille suivies de leurs troupeaux de garçons et de filles, tous enfans dont la jouflure fait plaisir à voir et dont les cheveux à peine âgés de quinze ou dix-huit mois, peignés, brossés, souvent même lustrés avec une couenne de lard font envie aux dames des villes qui, attirées par la curiosité de ce barbare trafic, pleurent quelquefois en voyant ces juifs ne donner en échange de belles boucles soyeuses d'enfants, de longues chevelures de jeunes filles, rien qu'un misérable coupon de cotonnade, un fond de bonnet ou bien un simple Madras de 25 sous. En écrivant cet article, je me rappelle avoir assisté à la vente des cheveux d'une jeune paysanne au teint frais et rose, et dont chaque mèche qui tombait fesait éclater la joie, parce que, disait-elle, la coiffure qu'elle allait obtenir en échange serait plus du goût de son fiancé.

Qui connaît ce genre de commerce, se représente le *forain* établi, là, sous une tente ou bien sous une porte cochère, entouré de curieux et de gens qui attendent leur tour pour être tondus, se réjouir en entassant dans des sacs les coupes qu'il vient d'acheter pour de misérables bouts d'étoffes et qu'il vient nous vendre plus tard, à un si haut prix... Tel n'est pourtant pas le sujet que je traite aujourd'hui, lisez plutôt.

(1) Quand un marchand ne se fait pas tembouriner, il s'en va criant dans les rues : Piou ! Piou ! ou bien il se fait annoncer ainsi par un crieur qui a le soin d'indiquer le lieu où l'on coupe les cheveux (pious).

C'était en 1832, par un beau matin de printems, un de ces jours où la nature en fête sourit à l'homme et le dispose à la joie; le soleil, en se levant, lançait sur mes vitraux de vifs éclats de feu qui échauffaient mes esprits tandis que les arbres du bosquet voisin, (1) par un doux balancement, me renvoyant le zéphir qui dès le jour caressait son feuillage, me procurait une fraicheur embaumée qui me rendait heureux. Ce jour-là tout semblait concourir à mon bonheur : déjà, avant que l'aurore eut entr'ouvert les portes du jour, que le silence de la nuit ne fut rompu par le bruit des pas d'aucun citadin, ni le roulement des voitures; les cordes de ma lyre, tendues à mon réveil, en l'honneur de la dame de mes pensées, faisaient vibrer les sons d'amour d'une romance que j'avais composée la veille en me couchant (2). A peine ma maison était-elle ouverte aux chalands que j'étais là, dans mon comptoir, corrigeant l'air de ma romance, et gesticulant comme un fou, en battant la mesure avec la main, quand au moment, où je filais une ronde, quelqu'un ouvrit la porte et me dit : monsieur, diable soit de l'importun ! m'écriai-je... —Voulez-vous acheter mes cheveux? continua-t-on. Impatient, comme tout compositeur occupé et qu'on vient déranger pour lui parler affaire, j'allais répondre, non; lorsque levant la tête, j'aperçus une jeune fille, aux traits nobles et réguliers, mais où l'on voyait facilement l'empreinte du chagrin et de la douleur; je ne pourrais exprimer l'effet que produisit sur moi cette jeune personne au moment, où mon âme entièrement bercée par des illusions me transportait au séjour des Dieux. Entrez, lui dis-je, mademoiselle, montrez-moi vos cheveux? aussitôt défaisant son bonnet, elle me déroule une chevelure épaisse et longue, mais dont la teinte *blond faux*, résultat du manque de soin et de transpirations concentrées, diminuait de beaucoup le prix. Combien en voulez-vous, lui dis-je? Monsieur, j'en veux 12 francs. —Sans doute si votre chevelure était d'une couleur bien franche, elle vaudrait ce prix là et plus encore, mais dans l'état où elle est je ne puis vous en offrir que 5 francs. —Est-ce que vous ne pourriez pas en donner davantage, monsieur? —Non, mademoiselle. La jeune fille étouffant un sanglot retroussa ses cheveux, remit son bonnet et partit. A peine eût-elle fait dix pas dans la rue que j'avais envie de la rappeler pour lui en offrir davantage; car, non pas que le marché me parût avantageux, mais bien parce qu'il me semblait qu'elle devait avoir un grand besoin d'argent, et j'allais pour

(1) Je loge à deux cents pas du Luxembourg, jardin qui est entouré d'un bois.

(2) Depuis l'année 1830 jusqu'en 1836 je m'occupai de poésie et de musique, mais la musique que j'avais commencée à étudier d'abord, du temps que j'étais chez Carron, et cela, par l'occasion que m'en fournit un camarade, (Léon Bigut d'Angoulême, aujourd'hui professeur de flûte dans sa ville), ce jeune homme, moyennant des leçons de coiffures que je lui donnais, me faisait exercer sur la flûte d'après la méthode de Devienne, dans cet art, que l'épouse du fameux Duprez, chanteuse dans le temps, à l'Odéon, m'enseignait sous la direction de son mari, parce que, par amour pour son art, elle préféra me donner des leçons de chant, d'après la méthode des *Rodolphe* que de me compter le montant de mes notes de coiffures et fournitures de plusieurs mois; cet art dis-je, que M. Lemoule, élève du Conservatoire, aujourd'hui artiste à Rouen, et plus tard, *Savart pianiste*, m'enseignèrent; cet art, pour lequel j'avais un goût prononcé, m'occupait beaucoup l'esprit, aussi mes occupations nombreuses, m'obligèrent-elles de prendre sur mon sommeil le temps qu'il me fallut pour composer un grand nombre de romances, dont une partie furent gravées et répandues sous différens noms. Celle la *Valse* et l'*Aumône*, vendue au profit des pauvres de mon arrondissement, fût ma première, et l'accueil que cette composition reçut des connaisseurs, me prouva que si j'avais voulu me livrer à la composition j'aurais pu avoir quelque succès.

ouvrir la porte lorsque je la vis revenir pour me demander si je voulais en donner 8 francs. Oui, mademoiselle, je vais vous les payer 8 francs, lui dis-je; entrez dans le salon de coiffure, je vais vous les couper.

Elle entre dans le salon et s'assied dans un fauteuil placé devant ma toilette psyché. Alors je lui jetai un peignoir sur les épaules et j'entrouvris sa chevelure pour la couper par mèches, en commençant par le milieu, autrement dit à l'épi; mais je n'eus pas plutôt porté les ciseaux sur sa tête que jetant les yeux dans le miroir, je vis la jeune fille pleurer et de grosses larmes inondaient son visage; croyant qu'une coquetterie naturelle aux femmes lui faisait regretter la perte de ses cheveux, je voulus la consoler et je lui dis: mademoiselle, ne vous chagrinez pas, je vais vous laisser par devant de quoi garnir votre bonnet, vous aurez des tresses ou des bandeaux. Ah! monsieur, ce n'est point cela qui m'occupe, me repondit-elle, ce qui me désole en ce moment... Ses pleurs et ses sanglots redoublant il lui fut impossible d'achever sa phrase; la douleur que ses traits paignaient me toucha et je la pressai de me dire les motifs de son chagrin; je lui adressai des paroles consolantes, mais elle pleura long-tems. Après que ses sens furent remis, la jeune fille me dit, monsieur, si je souffre et si je pleure c'est parceque cet argent ne me suffira pas pour payer les funérailles de mon pauvre père que j'ai perdu hier. Le curé du village, qui sait cependant que j'ai épuisé toutes mes ressources pendant sa longue maladie, cet homme qui prêche la charité, me demande 12 francs... oui, monsieur, cette somme m'est indispensable pour que les cendres de mon père soient ensevelies selon la religion de nos ayeux... Bonne et généreuse fille! votre dévoûment est trop beau pour que vos désirs ne soient pas remplis... Il vous faut 12 francs, dites-vous, les voilà.

Il lui faut davantage, s'écria un monsieur qui se faisant coiffer à ce moment, fut témoin de cette scène édifiante; il lui faut de quoi reposer son corps et son esprit : votre secousse a été forte, fille exemplaire; il vous faudra du tems pour vous remettre d'un tel malheur; tenez, voilà une pièce d'or, au moins en venant d'assurer une sépulture à votre père vous ne serez pas exposée à mourir de faim. Merci, messieurs, merci, dit-elle. Ah que je suis heureuse! et sans songer à la perte de sa chevelure, le plus bel ornement dont la nature ait doté la femme, fière de pouvoir faire bénir les restes de son père chéri, la jeune fille courut droit à l'église de son village pour commander le convoi.

Oh! vous qu'un sentiment d'orgueil amène au marché pour trafiquer de votre chevelure, et vous femmes perverses, qui cachez sous des ornemens corrupteurs le céleste voile de cheveux; et vous aussi, filles, que la perte d'une tresse afflige plus que celle d'un parent, écoutez parler la simple paysanne, au moment où, ne possédant plus de ressources, pas même de quoi brûler le cierge des chrétiens, tout avait été vendu ou mis au mont-de-piété; il lui fallait de l'argent pour payer le prêtre de son endroit; que faire?... Oh! bonheur!... Mais n'ai-je, pas ma chevelure?

> Oui, ce moyen me reste encor!
> Nature, je t'en remercie!!!
> Bientôt, oh! oui, j'aurai de l'or!
> Ah! je me sens l'ame ravie.
> De mes cheveux blonds et flottants
> Je puis offrir le sacrifice
> Achetez-les, je vous les vends
> Et vous prêtres, chantez l'office.

DU CHAPEAU. *

Dans ses rapports avec la taille, la grosseur de la tête, la longueur de la figure ou sa petitesse. Du chapeau de Napoléon et de la forme qu'il imprima dès le consulat: chapeaux et shakos de Murat, Duroc, Desaix et Kosciusko.

Le chapeau, qu'on ne s'y trompe pas, est un des objets saillans de la toilette; il précise les diverses expressions et les nuances de la figure. Mon expérience m'a mis à même de faire diverses observations à cet égard. Je viens les soumettre au lecteur

J'ai quelque droit à la parole : depuis mes plus jeunes années je suis dans la chapellerie ; j'y ai fait mille efforts, des efforts heureux, puisque le dernier jury, nommé pour récompenser l'industrie, m'a donné le premier prix de ma profession, prix que j'ai reçu des mains du roi.

La question à résoudre est celle-ci : — Existe-t-il indubitablement un rapport entre la figure et le chapeau ? — Quelles sont les formes et les effets de ce rapport ?

Je dirai d'abord un mot du chapeau.

Il couvre le chef, il le garantit, cache ses défauts, met en relief le jeu des traits et de la physionomie. Le chapeau rond ne nous vient pas de très-loin, il remonte au quatorzième siècle; il représente extérieurement la huitième partie du corps, copie la tête et y est assujetti; en la copiant, il suppose qu'elle est proportionnée au corps; quand elle ne l'est point, il y obvie habilement. Le chapeau, plus élevé que la tête, doit s'harmonier avec le visage, le front, les les tempes, les cheveux, la taille.

Lorsque la tête est petite, très petite, le chapeau vient couvrir ce défaut; il élargit la face, c'est là son principal objet. Si c'est le contraire, si la tête est trop forte, le chapeau n'est alors que l'enveloppe juste de la circonférence du chef. Dans le premier cas, les cheveux sont un secours; à défaut, on adapte un tour, une jolie perruque, car il y en a de charmantes. Regardez la tête de nos diplomates à quarante ans !

Autre point, le chapeau doit concourir à l'expression de face et de profil : non-seulement il fait ressortir avec grâce, les tempes, les oreilles, les cheveux, mais ses bords, bien proportionnés, projettent un jour agréable sur la figure. La coupe doit être juste et gracieuse, de face et de profil, et si le chapeau ne fait pas unité avec la figure, dites-vous bien qu'il est manqué! Quelle que soit la personne, la forme baroque n'est ni convenable, ni distinguée. Ce qui est distingué est simple.

L'empereur attachait une très sérieuse importance au costume, et même au chapeau. C'est d'une grande simplicité qu'il aimait à tirer les effets frappans. Quand nos terribles parens de guerres de la révolution le nommèrent premier consul, le costume qu'il revêtit fut des plus modestes : ce costume le signala aux peuples et le sépara des rois. Bonaparte prit la petite redingote grise, et créa son immortel petit chapeau.

(*) Cet article devrait entrer dans la Revue des Modes, s'il n'y était question de la coiffure de quelques grands hommes. C'est à ce propos que l'auteur, M. Jay, chapelier, homme spécial, rue des Fossés Montmartre, présente des observatious piquantes sur le rapport qui doit exister entre le chapeau et la figure.

Je tiens d'une personne alors attachée au service des Tuileries, que lorsqu'il le plaça pour la première fois sur son large front , il en essaya avec une longue et minutieuse attention, les diverses poses. Il le mit d'abord en colonne, mais trouvant que cette disposition diminuait la gravité de sa figure, il le retourna vivement et le plaça en bataille; cette forme de *bataille* lui plut et fut adoptée; c'était une découverte, une découverte d'une belle simplicité plus sévère que gracieuse. Elle se prêta mieux que toute autre à l'expression de sa figure. Quand ce grand homme traversait d'un pas pressé ses jardins, après les longues séances de son cabinet ou du conseil d'Etat, vous voyiez ses traits se dérider rapidement et ses yeux briller comme le feu du diamant sous son petit chapeau. Lorsqu'il remontait à cheval pour commander de nouveau en stratège, en mathématicien, sans une émotion de plus, au milieu des plus furieuses mêlées, son petit chapeau qu'il raffermissait soudain sur son front par un mouvement saccadé de la main, était le cadre neuf et énergique de sa belle figure : c'était au milieu du feu comme une auréole de victoire ; c'était pour les héros quelque chose de plus grand que les diadèmes de Charles Quint et le drapeau de Mansfeld ! Ce chapeau fameux est un des grands modèles du chapeau ; seulement on ne peut plus le porter.

Murat, dans les beaux jours de sa jeunesse, avait les joues rondes, colorées les yeux pleins de feu, une élégance naturelle ; sa figure était bien celle d'un esprit décidé. Cependant elle plaisait dans un salon; sur sur son cheval, Murat ressemblait à Tancrède, à Renaud. Simple maréchal , son chapeau à trois cornes, doublé de pluche blanche, était placé en long sur sa tête, c'est-à-dire en colonne; mais il tournait coquettement la tête pour le faire voir de face, et vu de face, en bataille, par un rapide détournement, il avait un caractère martial, dégagé, élégant. Murat portait alors ce bel habit de casimir blanc, retroussis bleu-ciel, épaulettes scintillantes de diamans dont on nous a tant parlé

Passé roi, son chapeau eut tantôt la forme de la toque du dignitaire impérial ou du shako du cavalier. Le voyez-vous chamarré d'or , de brillans, couvert de soie, poussant ses troupes les plus avancées parmi les cosaques au momoment d'entrer dans Moskow, leur distribuant ses bijoux et des coups de cravaches, et excitant leur enthousiasme par sa toque, son luxe et son courage ? Quel fut le signe qui marqua le mouvement décisif de la bataille de Dresde ? Ce fut le chapeau ou la toque de Murat, apparaissant sur les hauteurs de Plaun. Son habit était fermé par une ceinture dorée à laquelle était suspendu un beau sabre droit; mais là n'était pas le prestige : il était dans le chapeau, dans les magnifiques plumes d'autruche qui le surmontaient. C'est paré de ce costume qu'il entraîne les soldats sous tous les feux et qu'il traverse à leur tête des boues affreuses, des chemins perdus, des torrens, qu'il brave les flots qui tombent du ciel, les balles, les canons des Autrichien. Pourquoi a-t-on brisé sur ce front la couronne des Roger ?

Desaix avait un long chapeau, une longue redingote bleue rapée ; tout cela enveloppait une petite taille. La redingote était toujours déteinte; sa figure maigre, pensive et douce, était parfaitement dessinée par son large chapeau.

Duroc portait son chapeau sans soin ; il gâtait sa figure.

Le bonnet de Kosciusko, espèce de shako de hussard peu élevé, entouré d'un long mouchoir, surmonté d'une aigrette, était adoré des Polonais, aussi célèbre dans les guerres qui ont vu périr leur indépendance, qu'a pu l'être le chapeau de Bonaparte. Les citations que je pourrais poursuivre, prouvent

ceci peu-être, que les hommes distingnés doivent trouver ou créer leur coiffure.

Je reviens à mon sujet. A une face longue, étroite, on donne un chapeau
long, pourtour ample; à une face large, grosse, on donne un chapeau juste
et peu élevé. Les grands nez, les nez cassés, obtus, rouges, violacés, récla-
ment de larges bords qui puissent atténuer ces défauts. Une personne d'une
petite taille ne doit pas essayer de se hausser par l'élévation du chapeau, ni une
personne grande de diminuer sa taille par un chapeau peu élevé.

Faites saillir les bosses frontales, apanages, signes flatteurs de l'intelligence.
Les Anglais, qui méconnaissent cette règle, sont indignement coiffés : vous
voyez toujours leur longue figure s'enfoncer dans un long chapeau. Les sourcils sont enfouis, et les yeux disposent à peine d'un intervalle de quelques lignes pour exercer les perceptions du rayon visuel.

J'ai soulevé ici, en courant, des questions plus importantes qu'on ne croit;
car les formes ne sont pas des choses indifférentes. Les figures les plus distin-
guées peuvent être altérées par l'oubli des proportions. Un chapeau vous
rajeunit; il régularise vos traits ou les vieillit horriblement; il n'y a pas de
milieu : les traits fins, mobiles, veulent une coiffure légère, un tour arrondi
et gracieux. Voyez ces jeunes filles au teint frais, au lignes mobiles, qui montent
à cheval coiffées à l'amazone! Comme leur taille svelte et pliante se dessine
avec grâce sur la croupe des chevaux! Les premiers pas de la cavalcade sont
lents; mais aussitôt qu'elles recueillent les paroles vives et aimables que leur
beauté excite dans la foule, elles s'élancent sur la route, et disparaissent au
milieu des jets brisés du soleil, sous une longue pluie d'or. Sincèrement,
quelle est la cause première de ces éloges? C'est le chapeau, l'élégant chapeau,
qui, en se dessinant au-dessus des conduits auditifs, a fait admirer la plante
si pure des cheveux noirs ou blonds, la délicatesse et la blancheur du cou, le
le piquant de ces visages frais, types délicats, capricieux et élégants tout à la
fois. Vingt détails vivans et achevés, vous échapperaient avec toute autre coiffure, tandis que les petits bords du chapeau les accusent, les précisent.—Vous
posez droit le chapeau et sans affectation.—Ne le plantez jamais sur vos yeux :
ceci s'applique à toutes les manières de porter le chapeau. Si vous le mettez
sur vos sourcils, vous paraissez sombre, sournois;—en arrière, niais;—sur le
côté, de mauvais ton, de mauvaise humeur;—avez-vous les sourcils prononc-
cés, la figure dure ou triste, évitez le chapeau long qui enveloppe par trop votre
tète dans son cylindre tronqué; car il exagère l'inconvénient de votre figure
sous un air de dureté.

Le chapeau ne joue pas dans nos relations un rôle inférieur à l'habit, dont
il est le frère et peut-être le chef dans l'ordre des préséances; il est évidemment
son supérieur dans l'ordre des choses intimes. Bien saluer, mais c'est une
chose immense, dans un salon ministériel surtout, près des grandes dames,
près des hommes profonds qui administrent la justice des empires et qui tiennent l'habit pour une si grande valeur! La manière de retirer votre chapeau,
détermine encore bien souvent l'accueil que vous recevez dans le monde. Qui
n'a dû dans le cours de sa vie, quelques services au geste plus ou moins heureux, passionné, respectueux de sa main à son chapeau? Comptez moins sur
la bienveillance naturelle des hommes que sur la reconnaissance que peuvent
attirer les promptes attentions de votre chapeau; on ne les oubliera pas.—Un
homme que vous saluez parfaitement, est bien près de devenir votre ami?—

Ainsi on est obligé ou désobligé cruellement par son chapeau ; cela n'est pas niable.

Cet amoureux qui se présente pâli par l'étude ou la fatigue des affaires, près de celle qu'il aime, qu'il a demandée en mariage, s'il se présente avec un chapeau mal proportionné ; si, intimidé dès les premier mots, il le tourne entre ses genoux et ses mains ; si les émotions qui assiègent son cœur, communiquées par les doigt au feutre, le frippent ou le broyent, son chapeau ne l'aide plus ; il ne le tirera pas d'affaire, soyez-en sûr, car il ne lui donne plus ni esprit, ni éloquence. Quant à bout de voie, il lève précipitamment séance, sans parler, sans saluer, confus ou abattu, son chapeau plié, cassé devenu un morceau d'étoffe informe, remis sur sa tête, complète chez la jeune fille le chagrin du désenchantement commencé. Intelligente et gracieuse, elle croyait mieux mériter que cette incohérence de sentiments et d'idées vulgaires, car les vieilles femmes savent seules apprécier et traduire la timidité. Le lendemain celui qui sentait tant qu'il n'a pu le dire, maudit son chapeau qui ne lui a donné ni contenance ni esprit ; car c'est vraiment son chapeau qui a achevé sa défaite.

Voyez le candidat politique, un jour d'élection, lorsqu'il se présente au moment où les petits propriétaires règnent, solicitant leur mandat impératif, pour parler comme parle ce jour là l'ambition rurale ! il se présente humblement chapeau bas. S'il se présente avec un vieux chapeau, ne dit-on pas aussitôt : « C'est un avare ; il ne s'occuppera que de ses intérêts. « Si le chapeau est étrange, on dit : C'est un original. S'il est coquet, c'est un homme frivole ; et dans tous les cas on l'éconduira. Je ne sais pas si l'élu aura un meilleur chapeau.

La conclusion de ces diverses observations la voici, et elle est vieille pour beaucoup de choses : c'est que la convenance fait la forme du chapeau ; c'est qu'il doit être simple, qu'il ne doit être ni grand ni petit, ni à grands bords ni à petits bords, mais adaptés au caractère de la figure, à la forme de la tête, et plaire à la main par sa légèreté et sa souplesse.

JAY,

Chapelier, rue des Fossés-Montmartre.

DESCRIPTION DES COIFFURES.

27e LIVRAISON.

PLANCHE DE DAMES.

N. 1. Coiffure par FOURNET, à Moulins.

La coiffure Basse, dit-on, est la coiffure de la jeunesse et de la beauté ; je ne contesterai point cette vérité ; mais je dirai que, beaucoup de femmes, sans être jolies s'accomodent de bien des modes qui ne sont pas des *Giraffes*, des *Chinoises* ni des *Monte-au-Ciel*, et qu'on en voit même beaucoup soit par rapport à leurs tournures, leurs coupes de tête ou bien, par ce que nous appelons une laideur gracieuse, faire valoir le chignon et la tresse flottante et même pousser l'empire jusqu'à disputer les honneurs d'un bal à des beautés d'un grand renom ; pour le coiffeur exercé les ressources sont sans nombre chez la femme : la nature leur a prodigué tant de trésors!!! aussi, je ne balance pas à dire, quoique, nouveau dans cette carrière, qu'un artiste qui sait bien voir, bien définir une femme dans une glace, celui-là saura toujours lui appoprier une coiffure qui lui sera favorable, quelque soit le caractère de la mode; car, ainsi que l'a dit mon ancien maître Croisat, la mode doit savoir se plier aux règles de l'art et aux combinaisons du coiffeur.

Ma coiffure, ornée d'une guirlande de fleurs, de perles et de roses de fantaisie et traversée par une flèche d'or, n'offrant par derrière que deux coques doubles et une tresse formant *chignon flottant*. Je n'entrerai pas dans d'autres détails ; seulement je dirai qu'elle s'adresse à des femmes ayant la tête et le col allongés.

N. 2 et 2 *bis*, Coiffure par NOUGARET, de Lyon.

Pour faire diversion à la Renaissance, à cette mode symétrique qui repousse les effets hardis, je viens lancer dans cet ouvrage quelques plume d'autruche et un retroussi qui appelle des ornemens coquets; en effet, la chevelure ramenée sur le côté gauche de la tête, pour former un casque bourré avec le bout d'un rouleau d'une demi-aune de longueur ; cette chevelure formant un demi-tordu sur ledit rouleau pour s'élever ensuite en auréole brisée sur le devant de la tête, et puis une forte touffe en parallèle avec une petite, tout ce désordre dans la base de la coiffure, appelle nécessairement les lignes obliques dans la pose des perles et un jet hardi dans les plumes, ornement qui, balancé avec grâce, contribue pour beaucoup dans le succès d'une toilette d'une dame de bon ton.

Du reste, rien de particulier dans cette coiffure; si ce n'est que les cheveux, pour aller de droite à gauche, par derrière, décrivent une ligne transversale, et que le casque, vu le rouleau ouaté et fortement tordu, tient solidement, à l'aide d'une épingle, et que, vu l'absence de tout peigne, le pied est entièrement dégagé.

1 — Fournet, à Moulins.

2 — Nougaret, à Lyon.

2 bis Nougaret, Fecit.

3 — Rergoux, M.me de l'Acad.ie de Coiffure

4 — Bonivard, à Alger.

5 — Gaudereau, r. N.e S.t Eustache, Paris.

à Dunkerque.

Les Cent-un Coiffeurs.
Ouvrage Spécial.

On souscrit chez l'Éditeur, rue de l'Odéon, N. 33, à Paris.

N. 4 et 5. Coiffure demi-Renaissance, par **HERGOUX**, membre de l'Académie de Coiffure, à Dunkerque.

Pour établir cette coiffure, il faut premièrement tirer une ligne vis-à-vis le nez, ensuite tirer deux autres lignes, comme pour former le cœur en pointe des coiffures à la Sévigné; après cela, on rabat les longs cheveux en arrière pour les retrousser à la manière de la Renaissance. (Voyez Planche des Femmes de la 24ᵉ liv.). Dans cette opération, il faut avoir soin de conserver intacte la raie du milieu. Le rouleau sur lequel on croise et l'on tourne les cheveux est d'une longueur d'environ trois quarts; ce rouleau une fois couvert, forme deux cornes retroussées, ce qui dégage le col et orne le sommet de la tête, tout comme une coiffure de l'an passé. Ce rouleau une fois bien assujetti, à l'aide d'épingles, est entouré d'un fil de perle ayant des glands au bout, pour flotter sur le côté gauche, moyen sûr de contre-balancer le rouleau qui domine le côté droit. J'oubliais de dire qu'en relevant les cheveux il faut laisser une petite mèche pour faire la tresse dentelle qui flotte à la gauche du cou; cette opération terminée, on forme les bandeaux Féronière qu'on lisse à la brosse *Bandeauli-mécanique*, après quoi on pose sa guirlande, le bout touffu sur le côté gauche et le cordon de fleurs s'en allant par derrière en forme de chaperon.

N. 6. Coiffure par **BONIVART**, coiffeur de Paris, à Alger.

Cette coiffure est d'une exécution fort simple : on noue d'abord les cheveux et on les divise en trois parties, dont une plus épaisse que les deux autres. Avec les deux petites mèches, on forme les deux coques qui se présentent horisontalement, et l'on emploie les pointes de cheveux sur la ligature; après cela, on prend un bout de fil de fer, d'un huitième moins long que le bout des cheveux, on le fixe dans le trognon de la chevelure, puis on le tresse avec les mèches qui composent la tresse circassienne, tresse que l'on pose autour du poignard de la manière ci-après : un poignard de dix pouces traverse obliquement le lien de la chevelure, la tresse entoure la garde dudit poignard pour venir serpenter autour de sa lame où elle tient parfaitement moyennant une épingle qui la fixe sur le cordon; les poignards de devant, ajustés sur des petits peignes, sont plus petits et figurent là comme pour retenir les boucles qui ornent les côtés.

N. 7. Coiffure à la Renaissance, par **GAUDEREAU**, de Paris.

Le chou de ma coiffure est fort peu de chose, ce qui ne m'empêche pas d'offrir à mes collègues quelque chose de nouveau et d'utile à la fois. Ce que je signalerai dans ma composition, ce n'est pas le bavolet qui flotte par derrière; ce n'est pas non plus la torsade de cheveux et de gaze, nous voilant des fleurs dont l'éclat pourrait nuire au bijou qui s'offre sur le premier plan ; ce que je signalerai, dis-je, c'est le rouleau prolongateur dont j'offre le modèle sur la planche des patrons aux raies de chairs.

Ce rouleau, de cinq quarts de longueur et sur lequel on ne voit pas flotter un seul petit cheveux, a été fait avec des cheveux de vingt pouces; il m'eût été facile de le faire encore plus long, en mettant d'autres rallonges, car il se prolongerait indéfiniment par mon nouveau moyen.

Ce moyen, (Voyez le patron) consiste à établir dans le rouleau, et par intervalle, des niches pour y loger la monture des mèches de cheveux qu'on a besoin d'ajouter pour couvrir le rouleau et à établir dans chaque niche un bout d'élastique portant une agraffe pour y accrocher la monture des faux cheveux. Ledit élastique rentrant naturellement dans sa niche, exige qu'on le tire avec force pour y accrocher les cheveux, et par un mouvement naturel aux ressorts, il rentre dans la niche et y attire la monture qui se trouve parfaitement dissimulée.

FABRICATION DES RAIES DE CHAIR, AU CROCHET,

IMPLANTÉES EN TIRANT PAR DESSOUS,

PAR GAUDEREAU, COIFFEUR,

Rue Neuve Saint Eustache, 45, à Paris.

Les perfectionnements apportés dans la fabrication des raies de chair, ont rendu général l'usage des implantés, à tel point qu'aujourd'hui il ne se fait pas de perruques d'hommes sans qu'il y ait une finition sur gros de Naples; les tours de cheveux qui n'ont par cette ligne de démarcation ne semblent plus être de notre siècle; il n'est pas même jusqu'aux tours indéfrisables qui ne comptent une raie, pour petite qu'elle soit.

Au milieu de ce succès colossal de la raie de chair, comment, nous, coiffeurs, traitons-nous cette partie intéressante du postiche? il faut le dire : c'est avec la plus grande indifférence : dans les grandes villes où l'on trouve des gens qui vendent ces pièces toutes confectionnées; là, on peut se dispenser de se livrer à ce travail minutieux ; mais dans les petites localités, et dans les pays éloignés de nos fabriques, là il n'est point de la *Vacquerie*, de *Chandon*, de *Toucas*. Les implanteurs, en un mot, sont fort rares.

Le seul moyen de pouvoir embellir les fausses chevelures de ces lignes claires qui adoucissent les cheveux d'emprunt et les rendent beaucoup plus siésant, c'est d'apprendre à les confectionner soi-même. Cette étude devient d'autant plus facile que cet ouvrage consacré aux intérêts de notre état va publier une série d'articles qui traiteront cette matière à fond. M. Testu, Voy. page 20 de la première année, ayant décrit le métier et indiqué tous les détails préparatoires de ce travail, je crois inutile de les répéter ; sa leçon s'appliquant aux raies droites, faites avec deux rangs de tresses en regards; je ne m'occuperai que des raies faites avec des bouts de tresses, placés à la suite les uns des autres, et des finitions.

On trace sur le gros de Naples, dans un espace déterminé (2 ou 3 pouces, selon que l'on veut faire la raie haute) quatre lignes, ainsi qu'on le voit dans la figure n. 1, ensuite, on fixe, au moyen d'une épingle, un bout de tresse de la largeur qu'on veut donner à la raie, et à 6 lignes de distance de l'endroit où doit commencer l'implantation; cela fait, on prend sur le côté

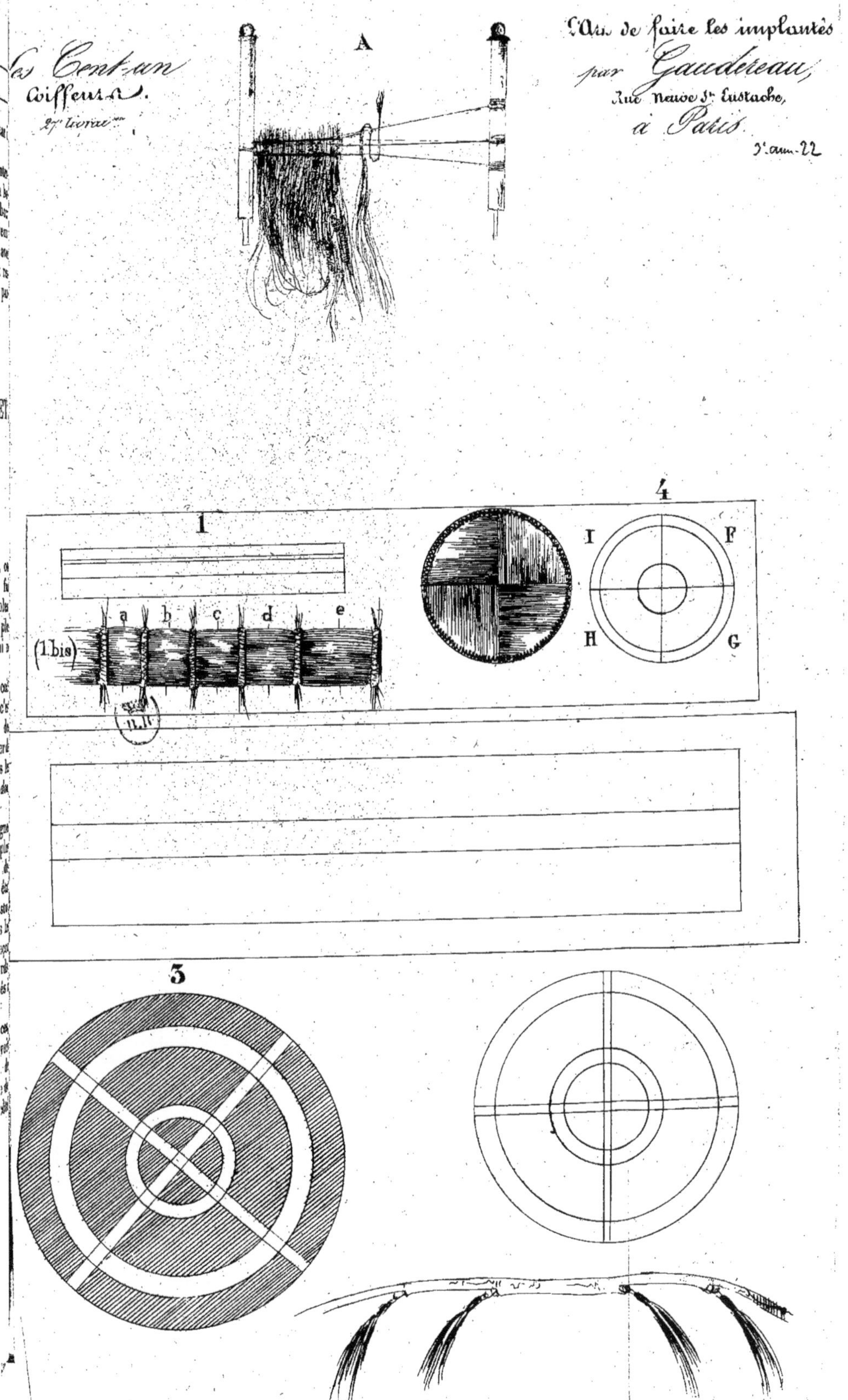
Las Cent-an
Coiffeur.
27e livraison
A
L'Art de faire les implantés
par Gaudereau,
Rue Neuve St. Eustache,
à Paris
3e ann. 22
1
a b c d e
(1 bis)
4
I F
H G
3

gauche de la tresse, avec le pouce et l'index de la main gauche, environ deux passées qu'on implante sur le même côté de la raie avec un crochet n. 3 , par deux ou trois cheveux à la fois; opération qui se fait en descendant, c'est-à-dire que la tresse étant le plus près possible du bord du métier, et parconséquent de l'estomac, on dirige les cheveux en avant. J'observerai que les deux passées doivent s'étendre sur le taffetas, de 5 à 7 lignes, selon que la tresse est fournie, mais qu'en aucun cas, elles ne doivent dépasser en largeur le diamètre qu'elles occupent dans la tresse ; car s'il arrivait que l'implantation fournie par deux passées fut d'une largeur plus grande que l'espace occupé ainsi que je l'ai dit, au cordon de tresse, et que cette faute se répétât plusieurs fois dans un rang d'implanté, il en résulterait qu'il faudrait couper une partie des cheveux près de la tresse et cela produirait un fort mauvais effet.

Arrivé au tiers de la tresse, il faut changer de crochet pour en prendre un du N° 1 ou 2 , attendu qu'ils sont plus fins et qu'à cette place il faut ne prendre qu'un seul cheveux à la fois; mais arrivé à l'extrémité du centre, on reprend le gros crochet pour travailler du côté droit, ainsi que je l'ai prescrit pour le gauche. Je ferai une observation fort importante à l'égard de la pose des bouts de tresse (1), c'est que les cheveux du premier rang ne doivent commencer à traverser le taffetas que sur la ligne A et qu'ils doivent descendre jusqu'à celle B; que le deuxième rang qui se pose sur les cheveux du premier, doit commencer son implantage à la ligne B et continuer jusqu'à celle A, et ainsi de suite pour les autres rangs de tresse :

Lorsque tous les cheveux ont été passés au travers du gros de Naples, on défait toutes les épingles qui ont servi à tenir les bouts de tresses et l'on tire les cheveux par dessous afin de les mettre tous égaux , opération après laquelle on remonte le premier rang de trois lignes et non de six ainsi qu'on a dû le faire pour l'exécution de l'implanté. Lorsque tous les rangs ont été mis en place et cousus sur les côtés, ils se soutiennent les uns les autres par un léger point croisé de fil blanc : par ce moyen on évite de faire traverser les fils au milieu de l'implanté ainsi qu'on le faisait dans le principe.

DES ÉPIS,

AUTREMENT DIT , FINITIONS.

Pour établir ces pièces, il faut se munir d'un modèle à tracer, en fer blanc, découpé sur la la figure N° 3, lequel, par les trois cercles qu'il renferme indique qu'il y a deux sortes d'implantages: l'un, celui du tour, marque la place des mèches à trois cheveux ; l'autre, celui du milieu, le travail à un seul cheveux à la fois; celui extérieur marque l'excédent qu'il doit y avoir dans le taffetas losqu'on enlève la pièce. Pour tracer une finition , on pose son modèle sur le taffetas, et avec un crayon à la mine de plomb , on tire des lignes au travers des découpures, ainsi qu'un trait tout autour. Ce travail préparatoire donne une figure que je reproduis en petit, voyez fig. N° 4. Cette figure traversée par deux lignes droites qui divisent le cercle en quatre parties, annonce

____

(1) La figure *A* représente un bout de tresse sur le métier, et, la passée étant ouverte, elle indique la manière de tresser pour les implantés.

que l'épi, quoique formé d'un seul bout de tresse fixé tout autour (1), n'en est pas moins fait en quatre opérations différentes, savoir : les cheveux du carré F vont s'implater dans celui de G, ceux du carré G vont dans celui H, et ceux du carré H, vont dans celui I. Pour terminer la pièce par l'implantation de cheveux de ce dernier carré, il faut détacher l'épingle qui tient le bout du carré F, et soulever la tresse pour ne la rabattre qu'après l'implantation.

En suivant l'ordre indiqué pour ce travail, on obtient un effet semblable à celui que nous représentons à l'envers sous la figure N. 4 (*bis*).

TOUS LES CHEVEUX

ONT-ILS BESOIN D'ÊTRE ENDUITS AVEC DES CORPS GRAS ?

Non, tous les cheveux n'appellent pas les corps gras, il en est au contraire qui les repoussent; de ce nombre sont ceux que nous appelons *cheveux plombés*, (ce mot thecnique employé généralement par les marchands de cheveux signifie cheveux alourdis par la graisse qu'ils contiennent naturellement) en effet, le suint que porte avec elle cette nature de cheveux formerait un corps gluant avec l'huile et la pommade qui, à moins de se dégraisser la tête très souvent, sentiraient le rance, de manière à incommoder.

Ce qui convient à ces cheveux huileux, ce sont les spiritueux odoriférents tels que l'eau Athénienne, le Rhum, etc., parce que la force de l'alcool dissolvant la graisse qui les recouvre, les rend plus légers, et alors, les cheveux de femmes surtout, se crèpent beaucoup mieux. Les cheveux qui ont besoin le plus d'être alimentés par des corps de pommade ou de l'huile, ce sont ceux qui, par leur sécheresse attirant l'humidité de l'air, gardent peu de temps la frisure, tels que : les roux, les chatains, certains blonds, et en général ceux qui sont blancs ou ceux qui sont mêlés de blanc.

Mais que de choix il y a à faire dans le grand nombre de pommades qui sont mises dans le commerce, les unes ont pour base le suif de mouton, d'autres, le corps de bœuf, et celles dites philocômes, l'axonge, autrement dit *saindoux*, je ne dirai rien des cosmétiques que le charlatanisme qualifie de titres pompeux, mon but n'est point de chercher à nuire à ceux qui exploitent la crédulité publique, tout ce que je désire c'est de faire connaître à mes lecteurs quelles sont les huiles et les pommades préférables pour l'entretien des cheveux. En fait d'huiles ce sont les huiles d'olive, comme contenant un corps nourricier et point de matières qui les fasse tourner au rance, du moins lorsqu'elles ont été bien préparées, ces huiles comportent toute espèce de parfums, aussi ce sont celles-là qu'on travaille de préférence à Grasse.

Quant aux pommades, un mélange au bain marie d'huiles et de pommades, je crois que cela est préférable au corps de bœuf seul, il y a bien la moëlle de bœuf qui, bien épurée donne du lustre aux cheveux, mais cela ne vaut pas la pommade du cygne de M. Crousatié, rue Vieille du Temple, n. 83. Préparation, dont je ne connais pas la recette; mais le brillant qu'elle donne à la chevelure lui a valu depuis peu une réputation honorable parmi nos confrères de Paris.

(1) Pour fixer le rang de la tresse, il faut avoir le soin d'arrêter le bout, juste à l'un des quarts, et de terminer son entourage à cet endroit, sans quoi l'implanté ne pourrait être fini.

28.e Liv.on
3
1
2
4
6
5
Les
Cent-un Coiffeurs
Ouvrage spécial.
On souscrit chez l'Editeur, rue de l'Odéon, 33.
1   Croisat, Président
2   Michel, rue de l'Odéon, 24
3   Trinité, rue du Mont Blanc, 23
4   Fournier, Secrétaire, rue du petit-lion, 23
5   Michel Adolphe, rue de Lafeuillade, 4
6   Perrin, Boulevart des Italiens, 24

28ᵉ LIVRAISON.

ACADÉMIE DE COIFFURE,

CRÉÉE LE 1ᵉʳ JUILLET 1833,

PAR CROISAT,

et fondée le 4 août 1834, par

**MM. CROISAT, FERDINAND AMELIN, GUILLAUME, MAURY, HYP. BIGLE,
SABATIER ET Mˡˡᵉ ANNA SCHOUKINNA.**

Et nous aussi, messieurs les Coiffeurs de tous les pays, nous avons voulu participer à votre noble entreprise ; nous avons voulu, agissant comme un seul homme, consigner quelques-unes de nos compositions dans cet ouvrage. Oui, l'Académie, ce corps imposant et légalement constitué, qui ne s'occupe que du perfectionnement de l'art de la coiffure , vient se montrer dans le *Cent-Un*, la chaire de notre état........ et quoi ! diront peut-être quelques lecteurs, il y a une académie de coiffure ? une société scientifique qui s'occupe de notre état tout aussi sérieusement que si c'était un art ? mais cela n'est pas possible ; d'ailleurs où sont les statuts qui les régissent ces hommes à parchemins ?.... prudente et sage , l'Académie, marchant lentement dans la voie des progrès n'a jamais fait d'étalage comme certaines sociétés fort utiles du reste ; son but, à elle, c'est de ne point heurter aucune habitude, et d'arriver doucement en démontrant l'utilité de bons et vrais principes, à pénétrer tous les coiffeurs de la nécessité d'adopter une méthode, non pas une manière unique de faire, mais bien des règles générales qui, s'appliquant à toutes les modes , mettent un artiste à même de concilier le caprice du jour avec celui particulier à chaque dame, ainsi qu'avec les lois de la raison et du bon goût.

Afin que chaque lecteur puisse se faire une idée de notre but , avant de faire la description de nos coiffures, nous donnerons un léger aperçu de nos réglements.

CHAPITRE PREMIER. — BUT DE L'ACADÉMIE.

ARTICLE 1ᵉʳ. L'académie de coiffure a pour objet de donner à l'état de coiffeur l'éclat qu'il avait autrefois, et :

Considérant que tous les coiffeurs travaillent en particulier pour s'éclairer et se perfectionner dans leur art, et que leur isolement les empêche d'atteindre le but qu'ils se proposent ;

Considérant l'influence que les modes de Paris exercent sur le monde civilisé ;

Considérant enfin, qu'il serait non-seulement national, mais encore très-avantageux pour toute la corporation, que des artistes habiles s'entendissent pour diriger la mode et la faire changer souvent, en créant des coiffures nouvelles et de bon goût, convient qu'elle fera :

1° Des recherches dans l'histoire de la coiffure et du costume ;
2° Quelle établira des principes dans l'art de coiffer les femmes ;
3° Qu'elle introduira le dessin dans l'art du coiffeur ;
4° Qu'elle publiera une mode nouvelle chaque année.

CHAPITRE II. — CONDITIONS D'ADMISSION.

2. Pour être admis à l'académie, il faut être coiffeur de femmes, savoir lire et écrire.

3. Les membres sont classés en trois catégories, il y a en outre des membres honoraires.

Les membres honoraires sont ceux retirés des affaires, et qui, par leur talent, ont coopéré au développement de l'art de la coiffure.

4. La première catégorie est composée des membres exerçant à Paris spécialement la profession de coiffeur de femmes.

5. La deuxième catégorie est composée des membres exerçant dans Paris la profession de perruquier et coiffeur ainsi que de ceux établis en province et à l'étranger.

6. La troisième se compose des élèves coiffeurs, ces derniers ont dans l'académie qualité d'agrégés.

7. Pour être reçu membre honoraire il faut être proposé par un des membres de la première ou de la deuxième catégorie, et réunir au scrutin la majorité absolue des suffrages.

8. Après l'admission, il est nommé une commission pour présenter le diplôme au nouveau membre.

9. Pour être reçu à la première catégorie, il faut en adresser par écrit la demande au président.

Les examens consistent :

1° A exécuter trois coiffures, dont l'académie fournit les modèles ;
2° A faire l'analyse ainsi que la description desdites coiffures,
3° A faire séance tenante le croquis d'une tête d'après une estampe ;
4° A répondre aux questions qui lui sont adressées par les membres honoraires et par ceux de la première catégorie, lesquelles questions ne doivent avoir trait qu'à l'art de coiffer, qu'aux mélanges des couleurs, qu'à la connaissance des différents caractères de physionomie, qu'à l'échelle des proportions, qu'enfin aux coiffures et aux costumes des peuples anciens et modernes.

Les quatres examens sont passés séance tenante ; excepté pour les candidats éloignés de Paris. Ceux-ci sont tenus de présenter des coiffures dessinées et de répondre par écrit à toutes les questions. L'académie vote sur chaque examen séparement ; si le candidat obtient la majorité absolue des suffrages exprimés ci-dessus, il est admis.

10. Pour être reçu membre de la deuxième catégorie, on doit former sa demande un mois à l'avance si l'on habite Paris, quarante jours si on est fixé en province, et trois mois si l'on est à l'étranger. Verser quinze jours à l'avance et entre les mains du trésorier, les dix francs exigés pour frais d'examens. Exécuter trois coiffures demandées par l'académie, et, comme second examen, en faire l'analyse et la description. L'académie vote sur chaque examen séparément ; si le candidat obtient la majorité absolue des suffrages, il est admis.

11. On est admis à la troisième catégorie sur l'exécution pure et simple des trois coiffures imposées par l'académie ; la demande d'admission doit être faite un mois à l'avance.

L'académie vote sur les trois coiffures à-la-fois; si le candidat obtient la majorité absolue des suffrages, il est admis.

CHAPITRE IV. — DE LA COTISATION ANNUELLE.

12. La cotisation des membres de la première catégorie est de douze francs, payables par quart, de trois mois en trois mois.

Celle de la deuxième catégorie est de six francs par année, payables aussi par quart, de trois mois en trois mois.

Celle des agrégés est de trois francs par année, payables aussi par quart et aux époques ci-dessus fixées.

CHAPITRE V. — DU BUREAU.

13. L'académie est dirigée par un bureau de son choix, nommé annuellement.

14. Le bureau se compose : — d'un Président; — d'un Vice-Président ; — d'un Secrétaire ; — d'un Ssecrétaire-adjoint; — d'un Trésorier ; — d'un Bibliothécaire ; — d'un garde-meuble ; — d'un Commissaire-Rapporteur.

CHAPITRE VIII.— DE LA CRÉATION DE LA MODE.

15. La création de la mode a lieu tous les ans, au mois d'octobre. Cette séance est précédée d'une séance publique, à laquelle sont invités tous les hauts industriels s'occupant de la toilette des femmes, afin de s'entendre sur l'harmonie du costume.

Le jour fixé pour la création de la mode, tous les membres de la première catégorie sont tenus de présenter deux modèles de coiffures de leur composition , exécutés sur têtes naturelles et à leurs frais, coiffures faites dans le type adopté par l'académie à la séance précédente.

16. Tous les membres de la correspondance sont invités pour cette grande décision, afin de les faire participer par leurs votes à l'établissement de la mode nouvelle.

17. Les deux coiffures qui ont obtenu le plus de suffrages sont publiées, sans nom d'auteur, avec ce titre :

MODES.

GENRE NOUVEAU, PUBLIÉ PAR L'ACADÉMIE DE COIFFURE.

18. Lesdites coiffures sont gravées aux frais de la caisse , et le prix de la vente est à son profit.

19. Tous les membres de la correspondance en reçoivent un exemplaire ; ils reçoivent aussi un exemplaire du procès-verbal de la séance.

CHAPITRE IX.

20. Il sera frappé une médaille, portant d'un côté la date de la création de l'académie et les noms des fondateurs, et de l'autre côté cette légende :

Tous les Arts se tiennent.

ANALYSE ACADÉMIQUE.

Ce n'est pas par assis et levé, ainsi que le disait un journal plaisant, il y a trois ou quatre années, que l'Académie décide de la forme que doit avoir une coque, une tresse, un bandeau; et la grande séance de la création de la mode n'a d'autre objet que de trouver un genre qui s'harmonise avec le costume, sans s'occuper des détails qui composent la coiffure du soir. Aussi, dans cette planche que nous avons composée entre six Membres, chacun de nous, tout en se renfermant dans le type adopté pour l'année, a-t-il fait une composition différente ; ce qui prouve, en passant, que la coiffure peut être variée à l'infini, tout en se renfermant dans le cadre prescrit, soit par le caprice, les mœurs ou les événemens. Au surplus, écoutons parler notre président, lui qui ne plaisante pas en fait de principes. Ma coiffure ornée de dentelles, dit-il, ajoutant à la finesse du bandeau-ceintré, vient accompagner les joues, ainsi que l'exigent les coiffures de la Renaissance. Ces parures dont le souvenir est cher à tous les artistes ainsi qu'aux femmes qui cultivent les arts : ce genre appelle la manche plate, le corsage busqué et la garniture d'Angleterre. Les roses couvertes, rosant le blanc de la dentelle, animent la physionomie d'une femme, chose essentielle dans un bal, surtout aujourd'hui que les mouches et le rouge sont passés de saison.

Les Dames se faisant coiffer pour aller au spectale ou au concert, **M.** Michel a composé une Renaissance ornée d'un fil de perles, parce que cet ornement s'allie assez bien avec un châle ou un mantelet de satin. En effet, tout est d'ensemble dans cette parure et, si les faiseurs de journaux de modes savaient aussi bien assortir tous les accessoirs, on verrait beaucoup moins de toilettes extravagantes et les femmes y gagneraient.

M. Trinité, cet artiste qui façonne un bonnet aussi bien qu'une des premières modistes, dit, que des flots de dentelle garnissant les côtés, cela donne à une femme un air riche et de bon goût; mais, reconnaissant que le blanc n'est pas toujours favorable à la physionomie, il le coupe généralement avec des fleurs métalliques ou en diamans, ces fleurs ajustées au bout d'une longue épingle servent en même-temps à soutenir les tresses des côtés.

Le secrétaire Fournier, lui qui travaille en silence et tout doucement, dit que c'est ainsi qu'il faut en agir pour éviter les écarts: quand je coiffe une femme, dit-il, je l'examine d'abord dans le miroir, puis je m'informe de ce qui doit composer la toilette, et après avoir étudié le terrain, je bâtis mon édifice avec assurance, en peu de temps, et cela, sans avoir besoin de trente six chandelles, ainsi qu'il en faut à certains affairés qui, sans jamais avoir personne qui les attende sont toujours extrêmement pressés.

La femme a-t-elle le col allongé et le bas de la figure long aussi, je fixe mes cercles de tresse sur la ligne du nez et je donne de l'ampleur au visage en ruchant ma dentelle sur les cheveux; quant à mon serpent, je le forme au moyen d'un rouleau de 20 pouces et en commençant par la masse de devant.

La jeune france de l'académie, **M.** Michel-Adolphe notamment, est un peu indifférent pour les règles de l'art; cet agrégé n'est heureux que dans les élans de l'inspiration créatrice. Plus de copistes, dit-il; et plus d'antraves! que les bouquets de coques remplacent les frisures du vieux temps, que la torsade anéantisse à jamais les chignons! oh! les chignons, surtout, eux qui masquent le

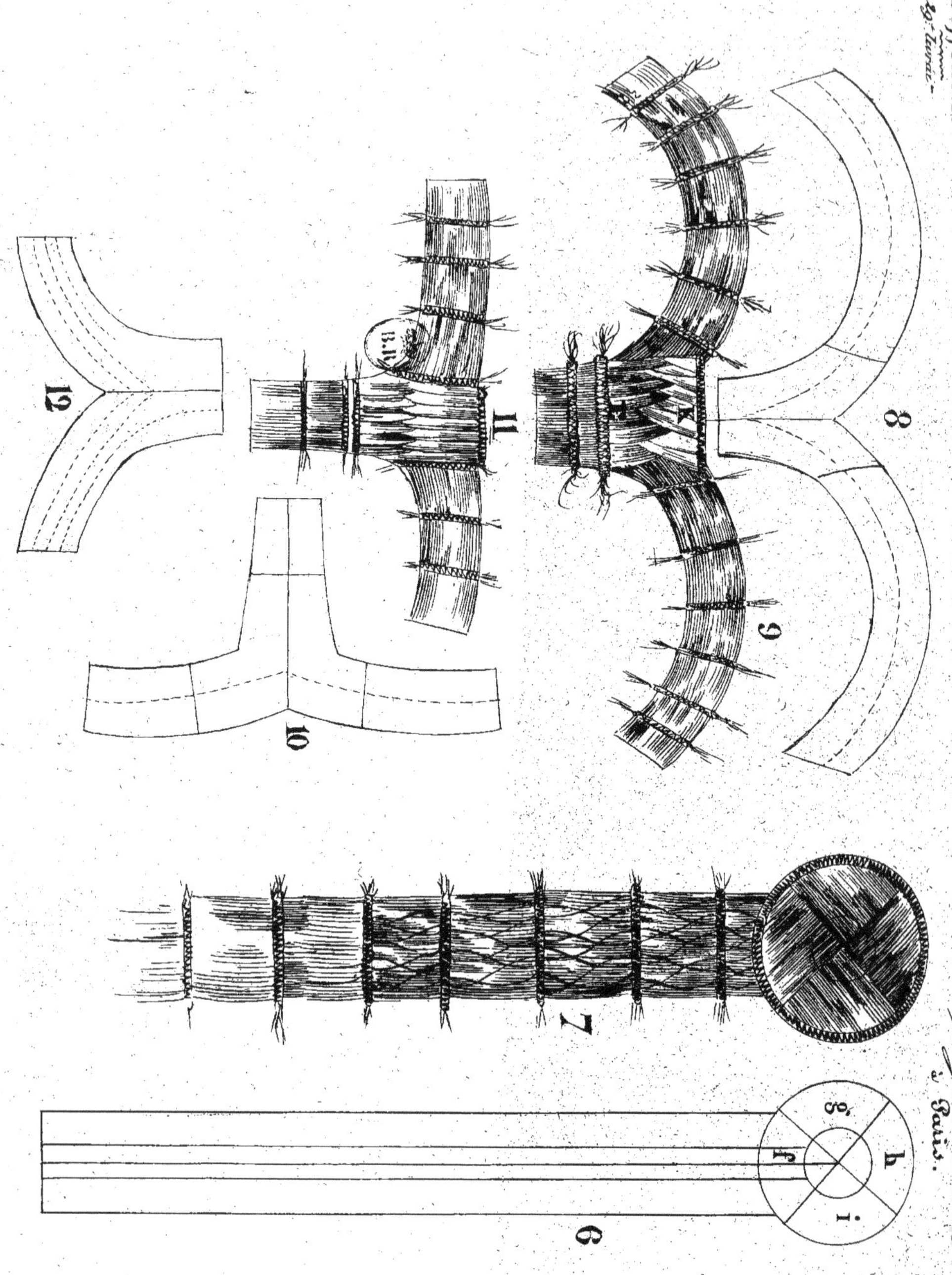

col sans jamais l'embellir ; eux, qui ont eu l'hardiesse de vouloir s'élever à la hauteur du cache-peigne à la grecque.

Les femmes de l'antiquité qui attachaient un sens à tous les accessoires de toilette , disaient que la fleur de *lotos* (voyez fig. n. 6), était l'emblême de la fécondité et de la nature ; c'était le front ceint de fleurs de cette espèce, et la chevelure retenue par une épingle à ornement ou avec une longue aiguille, sorte de poignard, qu'elles allaient aux fêtes d'Isis. Il est honorable pour un agrégé, tout jeune , de savoir faire des coiffures dont on ne trouve la trace que dans les cabinets d'estampes et de médailles du gouvernement.

AU FONDATEUR DU CENT-UN , EN RÉPONSE A SON INVITATION

du mois de Novembre dernier , à ses Collaborateurs de Paris.

L'art n'a jamais assez de temples dans le monde ,
Et l'on doit soutenir le bras de qui le fonde.
Il faut venir en aide à l'homme intelligent
Qui, sur un terrain nu sème des grains d'argent.
Oui, quand du jour promis, l'heure tardive sonne ,
Ouvrant le nouveau champ où l'artiste moissonne;
Oui , quand cet art charmant , condamné à se taire !
Q'au sein d'une cité on le fait solitaire !
Qu'un cri désespérant de nous est entendu ,
Qui nous dit que tout meurt et que l'art est perdu ?...
Serrons-nous ! Sauvons-le, cet art , amis, qu'importe
Le bruit de son trépas que chaque jour apporte :
Laissons dire... La terre aura, dans tous les temps,
Ses œuvres de génie et ses noms éclatans !
S'il semble quelquefois vers sa tombe descendre ,
C'est l'immortel oiseau qui renaît de sa cendre ,
Le vieillard qui reprend la fraîcheur de son teint
A l'heure où son éclat nous semblait presque éteint.
Grâce à tous ces travaux notre histoire se lie
A la Grèce , à la France , à la belle Italie ,
Et sommes affranchis de tous droits féodaux.
La Coiffure est un art libre de tous impôts.

FOURNIER.

L'ART DE L'IMPLANTEUR .

PAR GAUDEREAU , COIFFEUR , *rue Neuve-Saint-Eustache , 45, à Paris.*

Dans notre première partie nous avons démontré la manière de confectionner les raies droites pour tours et les épis à perruques d'homme; maintenant il nous reste à enseigner comment on s'y prend pour établir une pièce qui comprenne ces deux objets , c'est-à-dire, les raies de chair pour perruques à la Ninon ainsi que celles à toupets métalliques , lesquels jouissent dans ce moment d'une grande faveur; nous allons avoir aussi à nous occuper de la confection des raies pour cache-folie, soit droites soit en forme de cœur.

Pour les raies avec finition, on trace d'abord une figure semblable à celle du (*N*° 6), ensuite on implante la raie dans le principe de celle de la leçon précédente, Voyez fig. *N*° 1. Cela fait, on bâtit le rang de tresses autour de la finition, le bout à la droite de la lettre F. les quartiers de cercles doivent être implantés exactement dans le même principe que l'indique la leçon aux épis, c'est-à-dire, que les cheveux de la lettre F. vont garnir la place occupée par le G.; ceux de cette dernière lettre garnissent la partie H. et ceux de la partie H. vont se perdre sur l'I et que pour terminer son épis on défait l'épingle qui tient le bout de tresse fixé à la droite de la lettre F. afin de pouvoir implanter à cet endroit les cheveux de cette dernière lettre.

Je ferai une observation importante : c'est qu'il faut que les cheveux de la lettre F. s'étendent au-delà du cercle et aillent se fondre à quatre ou cinq lignes sur la raie afin d'opérer la jonction de la raie droite avec l'épi. Je conseillerai de faire pour cette pièce la tresse aussi fine que possible dans l'endroit occupé par la lettre F. afin que cette partie du cercle ne soit pas sentie sous la raie.

S'agit-il d'établir un cache-folie? il faut, après avoir pris la mesure sur la tête de la personne, tracer sur le métier une figure semblable à celle des N°s. 8 ou 10, selon que la personne veut avoir la raie droite ou en cœur. Quelle que soit sa forme, ladite raie doit prendre juste, d'une oreille à l'autre et être tracée de manière à ce que l'implanté garnisse les extrémités des oreillons; cela fait, on pose les deux rangs de tresse K et L; le rang L, le premier parce-qu'il est fait avec de longs cheveux ; on implante d'abord, ce rang là en remontant pour en garnir la partie supérieure qu'on remarque au-dessus des points, y compris toute l'étendue à partir d'une ligne oblique à l'autre ; après cela, on défait les deux épingles qui tenaient ledit rang de tresses, on soulève le rang et l'on fait passer, au travers, par deux ou trois passées à la fois, et à l'aide d'un passe-lacet ou d'une épingle double, les cheveux frisés du rang K, pour les implanter en descendant, et cela, dans la partie inférieure, au-dessous des points. Pour avoir toute facilité dans l'exécution de ce travail, on couche en remontant, le rang aux cheveux longs pour ne les remettre en place que lorsque le bas du bec est achevé d'implanter; cette dernière partie du *cache-folie* emploie un, deux ou trois bouts de tresses de cheveux frisés, selon qu'elle a plus ou moins de profondeur. Quant à toute l'étendue de la raie sur les côtés, elle se fait par petits bouts. Le tresses de 10 à 12 lignes composées chacun moitié de cheveux courts et moitié de cheveux longs, tous dirigés en arrière et implantés ainsi que je l'ai prescrit dans ma leçon aux raies droites, page 22, ces deux parties de raie qu'elles soient droites ou bien ceintrées peuvent être terminées par deux rangs de tresses en regard, c'est-à-dire, un rang fait avec des cheveux longs, cousu par en bas, dirigeant les cheveux en remontant; un second rang, fait avec des cheveux frisés, cousu par en haut passant au travers du premier rang soulevé à cet effet tout comme on fait de celui L. Ces deux manières de faire sont toutes deux mises en pratique; l'une vaut l'autre, le tout est de faire ses tresses bien plattes et de bien tirer ses cheveux quand l'implanté est fini afin d'éviter les épaisseurs. Cependant je donnerai la préférence aux petits bouts, surtout pour les raies à tours, attendu qu'ils permettent de changer la séparation avec le peigne, tandis que les deux rangs en regard ne souffrent pas qu'on change la raie.

PERRUQUES A TRAVESTISSEMENS,

par **LARVOR**, rue Monconseil, à Paris.

Si le carnaval était partout aussi brillant qu'à *Vénise*, alors chaque coiffeur sentirait la nécessité d'acquérir les connaissances nécessaires à la confection des *perruques de théâtre*, base de celles dites perruques de *travestissement* : dans cette belle ville, ce n'est pas pour aller seulement aux bals de nuit que chacun se déguise, mais bien aussi pour faire, en plein jour, de joyeuses promemenades dans les rues, et des excursions sur la mer qui baigne les dales des palais... Ce n'est pas, que la folie ne célèbre les jours gras dans toutes les contrées, que Rome n'ait ses *mascarades nombreuses*; Paris, son *bœuf* et son *mardigras*; Madrid, ses cavalcades de Fous, et que dans toutes les localités on n'aime à faire le convoi du joyeux, que dis-je, du pauvre carnaval; partout, dieu merci, on se plaît à le célébrer et à l'enterrer cet être aux cent-mille figures qui, narguant les chants de mort du mercredi des cendres, reparaît tous les ans de plus en plus radieux. A la pâleur qui règne sur tous les visages, ainsi qu'au désordre qu'on remarque dans les chignons et les tapés, tous ces signes de fatigue et d'orgie attestent de l'esprit religieux avec lequel les janots, les fifis, les bédouins, les nourrices, les laitières, enfin tout le monde *cancan* d'ici bas, observe la semaine qui précède les quarante jours de pénitence que l'église impose aux pécheurs.... Oui, les jours de folie sont fêtés en tout lieu et si nous savions nous entendre, nous pourrions donner à ces solennités un éclat qu'on n'a jamais pu obtenir ; et cela par l'harmonie dans les coiffures.

Aujourd'hui, comment procède-t-on à la confection d'un travestissement? ce n'est pas en consultant l'histoire du personnage qu'on vent représenter ; ce n'est pas en étudiant à l'avance le caractère de l'être fantastique dont on veut endosser les défroques, du tout; chacun recherche, en fait de costume, celui de la généralité, ou bien celui qui lui permettra de se livrer plus à l'aise, à toutes les extravagances que permet l'en avant-deux.... Quelle stupidité de la part du public de se mettre et de se coiffer tous de la même manière! mais rien n'est plus fatigant que cette uniformité! Parlez-moi des soirées d'autrefois: alors, chacun avait un costume ou une perruque différente : les perruques surtout, oh! cette partie intéressante de la toilette, était toujours traitée avec un soin extrême ; aussi, qu'elle variété dans les physionomies! le marquis, le charretier, la vieille marquise, la camargo, le mousquetaire, le garde-française, le malin, le hussard, le postillon, le normand et le bas-breton ; enfin, chacun avait des perruques superbes. Ausssi notre état était-il plus productif qu'aujourd'hui.

Je sais bien que MM. les costumiers influencent le monde pour qu'on garde ses propres cheveux, vu que la poudre salit les habits; que mes confrères veuillent se donner la peine de s'assortir en perruques à caractères et ils verront, maintenant surtout qu'on imite si bien les cheveux blancs avec de la filasse, du crin et de la soie végétale d'Afrique, ils verront, dis-je, que les masques ne manqueront pas de se donner le complément du costume; et nos affaires en iront beaucoup mieux. Voici du reste, comment je procède à la confection des caractères ci-dessus désignés : Je pose en principe que toutes les perruques d'hommes doivent avoir la coiffe en toile, cela empêche la poudre de traverser, et les cheveux naturels ne sont pas blanchis. Celles des femmes, au contraire, exigent en général que le fond soit en réseau, par rapport au peigne à chignon qui doit pénétrer jusque dans la chevelure naturelle.

Pour un marquis, les tresses faites en cheveux frisés, effilés et mêlés de crépé, sont cousues en travers sur le devant. Les cheveux de la queue sont carrés et d'une épaisseur moyenne. Cette perruque se coiffe en Vermissel, et quelques crochets accompagnent le tour des yeux ; une bourse en taffetas noir orne la queue, souvent, un diamant est posé au milieu de la rosette.

La perruque du Charretier est très épaisse ; le catogant occupe tout le derrière de la tête, à partir des oreilles jusqu'à l'épi. Les côtés, par devant, sont cousus en chamarrages, de manière à ce que les tresses se présentent dos à dos sur le milieu de la tête, finition qui se fait mieux avec un rang de tresse à quatre soies, ayant de longs cheveux de chaque côté. Dans cette perruque, il doit y avoir un rang de petits tirbouchons sur chaque tempes ; deux larges tresses garnissent le côté de la chevelure et une petite natte à jour traversant le haut de la queue donne à cette coiffure un air de coquetterie qui vaut bien le *Fer à Cheval* d'autrefois. Pour établir une perruque de marquise à racines droites, il faut premièrement, faire une monture combinée de manière à ce que le front se dessine avec pûreté et après avoir garni les tempes, le devant du front et les oreiellettes de Canetille platte, on prend des cheveux de couleur claire, et ayant par derrière 21 à 24 pouces afin que l'étagère de la plaque n'empêche pas d'obtenir une chevelure carrée en pointe. Les tresses qui composent le devant doivent être, comme dans la perruque du marquis, et plus légère encore. Les boucles flottant en anglaises qui accompagnent le col demi-effilé, doivent avoir de 11 à 13 pouces ; la coiffure du devant est un tapé en créole avec ou sans œils de perdrix.

Une Camargo se fait de la même manière, seulement le coiffage est différent : le tapé est creux sur le devant, afin de laisser voir le petit chapeau qui est jeté sur le haut de la tête. Quelques boucles bien marquées et plus volumineuses d'un côté que de l'autre, garnissent les côtés.

Je ferai observer que dans ces deux dernières perruques les coiffes doivent avoir beaucoup de profondeur par rapport à la chevelure naturelle qui tient toujours beaucoup de place.

Une perruque de mousquetaire ressemble un peu à celle d'un marquis, seulement, elle n'a pas de bourse, la queue est courte et elle est coiffée en touffe sur le côté. Le garde-française porte une queue longue et deux boudins assez courts sur chaque tempe se prolongeant jusque par derrière où ils sont retenus chacuns par une épingle double plantée en travers, du reste, le dessus de la tête est plat comme dans une perruque de charretier.

La hussarde et la postillon sont faites à peu près de la même manière, toutes deux ont la queue courte, épaisse et carrée, puis, l'épingle sur la rosette, et dessus de tête plat ; seulement, le hussard a par devant des petites tresses flottantes garnies par le bout de petis morceaux de plomb. La perruque d'un Normand et celle d'un Bas-Breton se font de même : par devant, cheveux courts et carrés à partir des tempes ; cheveux longs et carrés et soulevés autour de la tête, par un ou deux rangs de crépé sur le bas de la perruque.

Pour un normand autrement dit marchand de salade. La perruque doit être d'un blond foncé tirant sur le roux ; pour un *Bas-Breton* les cheveux doivent être brun-noir ; ces deux dernières perruques ne se poudrent pas, mais toutés les autres doivent être givrées à moins qu'on ait employé pour les faire de la filasse, du crin ou de la soie d'Alger, ou bien de la soie blanche de Chine que j'ai mise en usage depuis un an, production légère qui m'a mis à même d'établir des perruques superbes, ne pesant qu'une et deux onces, ce qui charme infiniment tous les messieurs ainsi qu'une foule de mes confrères pour qui j'en confectionne journellement.

1 - Chiffon par Croisat, Président de l'Académie de Coiffure.
2 - Renaissance, par Denizot, agrégé à la dite académie, premier garçon chez Croisat.
3 - Renaissance à dentelle, par Bonnaviat, de Clermont. 4 - 5 - Mariée par Nougaret, de Lyon.
6 - Nœud-renaissance, par Rom, de Wurtzbourg.
7 - par G. E. Van-der-heyden fils, de Francfort.

DESCRIPTION DES COIFFURES.

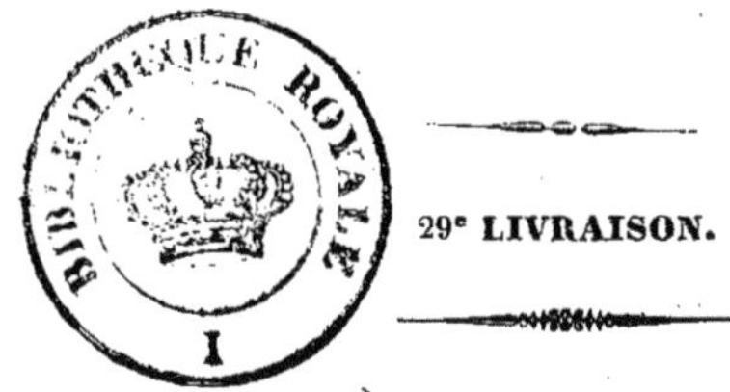

29ᵉ **LIVRAISON.**

Nᵒ 1. — Coiffure rosace ; par **CROISAT.**

Nous avons des femmes qui, quoiqu'on les coiffe en arrière, veulent qu'on apreçoive par devant un peu le haut de la coiffure ; et nous en avons d'autres qui ne se trouvent belles que lorsque le chou est bâti sur le bas de la fossette du cou. Nous connaissons les motifs de ces différences de goûts ; mais nous n'en dirons rien aujourd'hui ; nous réserverons cela pour la leçon prochaine, parce qu'alors nous traiterons la matière à fond ; quant à présent, je me bornerai à dire que ma coiffure s'adresse aux femmes qui aiment la coiffure basse et tout ce qui charge le bas des joues. Exécution : les cheveux de devant sont séparés *à la renaissance*, et tressés sur les tempes ; par derrière, ils sont noués extrêmement bas et séparés en six mêches, afin de ne faire qu'une coque par mêche et en s'y prenant ainsi qu'il suit : Placé derrière la dame, on fend la chevelure en six, commençant par la gauche ; arrivé à la droite de la chevelure, on se place à la droite de la personne, on crêpe la mêche en dessous dans une longueur de cinq pouces, on lisse les cheveux à plat sur la main gauche, puis, *maritonnant* (expression de rouleau de Poitier), on saisit le bout de la mêche de la main droite et de manière à tendre fortement sa coque sur l'autre main ; dans cette position, on tord de la main droite l'excédent de la coque, et en faisant ce travail, la main se rapproche le plus près possible du lisse (la main gauche est toujours restée sous la coque): on tend de nouveau les cheveux, afin de mouler, pour ainsi dire, la coque et lui donner de l'apprêt; puis, la main gauche se retire, et saisit la mêche à l'endroit tordu ; la main droite se place, par la droite, dans la coque, le creux de la main tourné en dessus, pour faire la bascule à la coque ; par ce mouvement, ladite main jette à la gauche de la tête et faisant face en avant, cette première coque du choux; de la même main on prend une épeingle simple que l'on pose sur la partie tordue ; ainsi, la coque est faite, et les pointes des cheveux flottent à la droite : les cheveux qui composent cette première coque sont ceux de la sixième mêche.

Avec la cinquième mêche on fait la seconde coque par les mêmes principes ; on la dirige aussi à la gauche, mais seulement à un pouce de la première. Avec la quatrième mêche on fait la troisième coque, celle qui se trouve au milieu de la tête ; avec la troisième, on fait la quatrième, et ainsi de suite jusqu'à la fin du chou, lequel formant une rosace , est entouré au pied par les pointes des cheveux ; ces pointes ne doivent pas serrer trop fortement les coques du chou afin qu'elles restent détachées les unes des autres.

Cette coiffure, *dont les masses tournent comme un épi à perruques*, produit un très bel effet sans ornemens; néanmoins , si l'on veut y poser le chiffon, sorte d'écharpe , on devra commencer par le bout qui est fixé au sein de la rosace, tordre légèrement la gaze, et, se dirigeant par la gauche, aller serpenter sur le côté de la tête où se dessinent un bouillon et un bout d'effilé.

N. 2. — Coiffure renaissance; par **DENIZOT**, agrégé à l'Académie de coiffure, premier garçon chez Croisat.

Ce n'est pas seulement en faisant des coques ou des tresses que l'on peut varier les coiffures en cheveux ; la Renaissance offre autant de ressources que tous ces genres qui permettent de faire chaque jour du joli et du nouveau. Pour ma coiffure, il faut avoir deux rouleaux, dont un de 32 pouces, et l'autre de 42. Celui de 42 pouces, est celui qui forme les huit de devant. (Quoiqu'à la Renaissance les cheveux sont noués par derrière.) Je pose sur le cordon mon premier rouleau qui est celui de 32 pouces, le milieu sur le lien; avec la main gauche on tient le rouleau, et l'on prend une mèche de cheveux avec la droite pour en couvrir ledit rouleau, qu'on pose ensuite de manière à lui faire former des ondulations de serpent. Comme ce rouleau est le plus petit, le bout doit s'arrêter près de la raie. Je prends ensuite mon rouleau de 42 pouces par le milieu, je le pose du côté gauche et lui fais former l'anneau du dessus de la tête, pour aller ensuite, en serpentant, passer sous le premier côté. Avec les cheveux du devant, je continue à entourer le rouleau jusqu'au bout et lui fais former un huit : je fixe au-dessus de l'oreille le bout qui termine le huit, et le fais passer en dessous, pour qu'il aille joindre le premier bout du rouleau. Par ce moyen on voit une continuation de masses, imitant la corde à puits.

Le côté droit se fait pareillement, j'observerai seulement qu'il faut avoir le soin de faire plaquer les huit sur les joues, pour que la coiffure aille à toutes les figures; pour terminer ma coiffure, j'ai posé trois poignards venant s'entrelacer dans les masses, ce qui ajoute au caractère sévère de cette composition.

N. 3. — Renaissance ; par **BONNAVIAT**, de Clermont.

Vous rappelez-vous la coiffure N° 4, de la planche renaissance de Croisat, et vous rappelez-vous aussi la planche en pied de la 24me livraison de l'ouvrage? Si vous vous rappelez cela, je serai dispensé de vous faire la description de mon travail. Je n'aurai pas besoin de vous apprendre le maniement du rouleau ; l'exercice qu'il y a à apprendre pour le coiffeur, ainsi que pour la femme; ce que je m'attacherai à décrire, c'est ma pose de dentelle *moyen âge :* après avoir formé son rouleau de cheveux, on prend le milieu d'une paire de barbes, ayant une aune et demi ou deux aunes, ou bien un bout de dentelle ayant même longueur; on forme quelques plis, et l'on fixe sa dentelle par le bord sur le milieu de la tête au dessus du rouleau; après cela, on dirige sa dentelle par la droite et la gauche de la tête, et, afin de ne pas cacher entièrement son rouleau, arrivé à la distance des perles, on double la dentelle pour qu'elle ait moins de hauteur ; et ce n'est que pour former la coque et les barbes flottant sur les côtés qu'on laisse jouer la dentelle dans toute sa longueur. Le bijoux placé sur le sommet de la tête, est là pour allonger le visage que la coiffure a un peu raccourci.

N. 4 et 5. — Coiffure ; par **NOUGARET** , de Lyon.

Pour rompre la monotonie qui règne dans les coiffures de mariée, il est bon, lorsqu'on trouve dans une jeune fiancée, taille svelte et minois décidé ; il est bon, dis-je, de faire une coiffure coquette, et dont les effets répondent au regard malin que la nature lui a donné, c'est dire que ma coiffure s'adresse à toute jeune mariée d'une tournure et d'une physionomie gracieuse.

Le chou de cette figure dont on aperçoit le devant et le derrière de la tête , est fait à l'aide d'un rouleau de 22 pouces , introduit dans le casque comme une fausse nate , qu'on couvre avec les cheveux et qu'on fait serpenter autour du torsillon ou petit *casque;* toutefois, après avoir tordu le rouleau de toutes ses forces, ce qui fait que les masses n'ont pas la raideur des rouleaux ordinaires. La touffe de droite, par son volume, contrebalance le mouvenent décidé du voile, qui vient tomber négligemment sur les roses et la boucle du petit côté.

N. 6. — Coiffure ; par **ROM** , de Wurtzbourg.

La renaissance est un genre élégant, mais je crois qu'il a besoin, du moins pour qu'il charme nos allemandes, de quelques variantes qui fassent disparaître le sérieux de son caractère. Pour l'exécuter, voici comment je m'y suis pris : J'ai fait, avec de la laine, un rouleau cylindrique de 45 pouces de longueur, et j'ai établi un cordon de fleurs de 55 pouces ; après cela, j'ai noué les cheveux très bas par derrière; j'ai formé avec le rouleau le *nœud renaissance,* qui compose mon chou ; j'ai assujetti ce nœud contre la tête avec deux épeingles; ensuite, j'ai couvert le rouleau par petites mèches jusqu'aux tempes. Arrivé à cet endroit, j'ai fait poser une main sur le bandeau, et avec l'excédent des cheveux j'ai achevé de couvrir le rouleau, que j'ai fait plaquer contre la tête en le tordant en dedans. Le cordon de fleurs dont le milieu est plus touffu que le reste, est posé en dernier lieu en manière de rang de perles, ce qui éclaircit infiniment cette coiffure et lui donne la légèreté qui convient aux jeunes femmes, mises en costume de bal.

N. 7. — Coiffure ; par **G. E. VANDERHEYDEN FILS** , de Francfort.

Ceci est une coiffure *mi-Grecque* et *mi-Sévigné,* l'éxécution en est on ne peut plus simple : on fait deux tresses *circassiennes* ou bien à *cinq branches* et l'on se reserve une mèche pour l'employer en lisse sur le derrière du chou ; avec les tresses on élève deux *anneaux-coques*, ensuite on fait la masse lisse ci-dessus mentionnée ; de l'excédant des tresses et de la coque, on fait une masse flottante et on en entoure le lien des cheveux. Quelques épingles doubles, plantées verticalement tiennent les coques droites : un rang de perles ceignant le front, puis une guirlande de fantaisie s'entremêlant à la touffe droite, viennent compléter cette composition, que je recommande de préférence aux femmes qui ont le visage allongé.

N. 8. — Coiffure d'hommes ; par **BRUN**, de Grenoble.

Quoique je possède un peu l'art de coiffer les femmes, je viens pour varier cette livraison, offrir un modèle de coiffure d'homme ayant trois *raies de chair*. Cette coiffure, qui veut que les cheveux de *recouvrement* soient longs et carrés, n'exige pas moins qu'on effile un peu les pointes : les masses ont plus d'air, se soutiennent et se forment mieux, lorsque d'une main habile on a fait disparaître la carrure des grands coups de ciseaux. Ce n'est pas que je conseille de hacher, et de coupasser la chevelure dans toute sa longueur, du tout : ce que je recommande, c'est après avoir fait sa coupe carrément et l'avoir un peu étagée en la prenant à rebrousse-poil, de l'élaguer de six à neuf lignes par les pointes ; une seule raie n'ornant la tête que du côté où elle se trouve ; j'engage mes confrères à en tirer deux autres, prenant de l'épi aux apophyses, surtout pour les coiffures de bal ; car en pareil cas, et surtout aujourd'hui, qu'heureusement pour nous, les messieurs sont très recherchés dans leurs coiffures, un peu plus de soin et de coquetterie, ne leur déplaira pas ; et d'ailleurs, ne fusse que par esprit de corps et par intérêt personnel, nous devons chercher, par des soins et des perfectionnemens, à maintenir tous les hommes dans les dispositions qu'ils ont, pour une mode qui nous est favorable, presqu'autant que la Renaissance. Cette coiffure à quatre mains dont je publierai prochainement un modèle et que je chanterai aujourd'hui, parce qu'elle est élégante et difficile, et qu'elle nous sera long-temps lucrative à tous.

Toi, qui soumets à ton empire,
Les monarques et les sujets,
Mode, daigneras tu sourire,
Si je célèbre tes bienfaits ?
Vers la poétique fontaine
J'aurai beau prendre mon essort,
Ma tentative sera vaine
Si je n'obtiens ton passe-port.
Mère de la riche industrie,
Parcourant la terre et les eaux ;
C'est toi qui vas porter la vie
Chez cinquante peuples rivaux.
Bien moins fécond est le Potose,
Inépuisable est ton trésor :
Merveilleuse métamorphose.
Par toi le clinquant devient or !!!

BRUN.

UN COIFFEUR DES CENT-UN.

CHANT COMIQUE MÊLÉ DE PROSE.

Qui sait illustrer à la ronde,
Du coiffeur l'art merveilleux?
Qui sait, à la brune, à la blonde
Procurer des succès nombreux?
Qui sait adoucir la rudesse
Des traits d'une mâle beauté,
Et par son talent, son adresse
Aller à l'immortalité?

Parbleu, c'est tout simple; mais ça se devine tout de suite, le *Cent-Un*, lancé naturellement dans la marche *progressive* du progrès et voulant que son art soit considéré dans le monde, il lui donne tout ce lustre et tout cet éclat dont la bandeauline est *susceptible*; et puis, quand ça ne serait que par rapport aux métamorphoses que nous produisons chaque jour sur les minois défectueux, mais chacun devrait s'écrier et de toute la force *susceptible* de ses poumons:

C'est un coiffeur du CENT-ET-UN!

Qui sait se dévouer aux belles,
Et consacrer tout son talent,
Ses compositions nouvelles
Pour le succès d'un art naissant?
Qui sait à l'art de la coiffure
Sacrifier son avenir?
Qui ne vit que pour la frisure,
Et mourrait pour un repentir (1)?

Mais c'est plus simple encore. Voyez plutôt cet artiste, cet homme où le sentiment des arts est inné; voyez-le, dans son salon de coupe, dans la rue quand il passe, lorsqu'il frise un tour, une dame, ou quant il brûle, que dis-je? Quand il coiffe un client... le voyez-vous la touffe hérissée, les yeux fixes et l'air concentré; je suis certain qu'il est préoccupé d'une de ces combinaisons *bouleversatives* qui fera le charme de toutes les femmes et la damnation de tous les maris.... Oui, c'est lui, je le reconnais!

C'est un coiffeur des CENT-ET-UN!

Qui sait s'affranchir du supplice
Des coquettes et des fareaux?
Qui sait soumettre le caprice
A des principes généraux?

(1) On appelle repentir une longue boucle prise sur le derrière de l'oreille, et flottant sentimentalement le long du cou.

> Qui sait, corrigeant la nature,
> Raccourcir, allonger les mentons ?
> Réduire, augmenter la stature,
> Donner des maris aux laidrons ?

Monsieur le coiffeur, mais je ne pourrai jamais supporter cette frisure ; cela me durcit horriblement.... Quand j'étais jeune, oh! alors j'avais de bien beaux cheveux ; ah ! j'étais bien dans mon temps, aussi, *Victor le nègre* et *Duplan* me donnaient-ils chaque jour la permission de me coiffer pour rien.—Seulement, pour le plaisir... d'admirer vos charmes, n'est-ce pas, madame. Madame, oh! mon dieu, voilà bientôt une heure que je suis ici ! Je vous demande bien des pardons, mais il faut que je m'en aille, je suis attendu...—Grand dieu! et mes boucles d'oreilles que vous ne m'avez pas mises; et mon bonnet qui n'est pas posé! voyez ce monstre d'hmme comme il me laisse dans l'embarras!

—Bonjour, monsieur le baron.—Ah! ah! bonjour, monsieur, je vous attendais; tenez, voici ma perruque, examinez-la bien, voyez-vous cette mèche comme elle descend bas sur le Carabis? mon cher, cela ressemble trop à du postiche, il fuat changer sa direction ; ensuite, je vous recommande le pli de ma touffe que je veux avoir en coup de vent... vous aurez le soin, surtout de me ménager un crochet près de l'œil, je trouve que cela donne du piquant à la physionomie.—Ah! monsieur le baron, vous seriez bien mieux coiffé avec votre chevelure naturelle, teinte à l'eau d'Egypte comme j'en ai reçue de Marseille hier, ou bien, à la rigueur, un toupet métallique, bien léger ; ce n'est pas que je cherche nullement à vous influencer, mais je crois que cela vous conviendrait mieux que votre bonnet de cheveux ; étant ainsi coiffé, au moyen d'un baton fixateur de mon invention, et d'un flacon de ce beaume, dont j'ai le dépôt à la maison, je vous assure, monsieur, que, vu la fraîcheur de votre teint et votre bonne tenue, vous ne paraîtriez pas avoir plus de vingt-cinq ans.— Vraiment...—Oui, monsieur, sans fard.—Je me mets entre vos mains.

Monsieur, je vous ai fait appeler pour coiffer ma fille, parce qu'on dit que vous coiffez à l'air de la figure.—Madame, il est vrai que les principes que nous soutenons, ont pris le dessus, et que je possède assez bien mes règles pour savoir concilier la mode avec le bon goût... — Comment allez vous donc me coiffer, monsieur...— Mlle., le miroir qui est mon *diapazon*, me dit qu'il faut que je vous coiffe sur le haut de la tête, parce que vous avez le visage rond; qu'il faut que je vous relève les cheveux en demi-chinoise, parce que vous avez le front bas, et que je dois vous avancer les touffes sur les os des pommettes, parce que ces organes sont trop fortement prononcés, ce qui ne peut se faire sans le secours du philocôme au rhum, de la gélée, d'un rouleau, d'épingles comme les miennes, et des peignes que j'ai apportés tout exprès pour vous. — Je serai donc bien jolie avec cette coiffure?... Ma fille, à la manière dont, monsieur, s'y prend (car déjà on n'aperçoit plus ta loupe), je prévois que tu seras mariée avant un mois—Ah! monsieur, si cela arrive...—Mademoiselle, si comme je le désire, ma coiffure produit ce bienheureux effet, vous pourrez, en toute conscience, en remercier :

Un des coiffeurs des *Cent-et-un*.

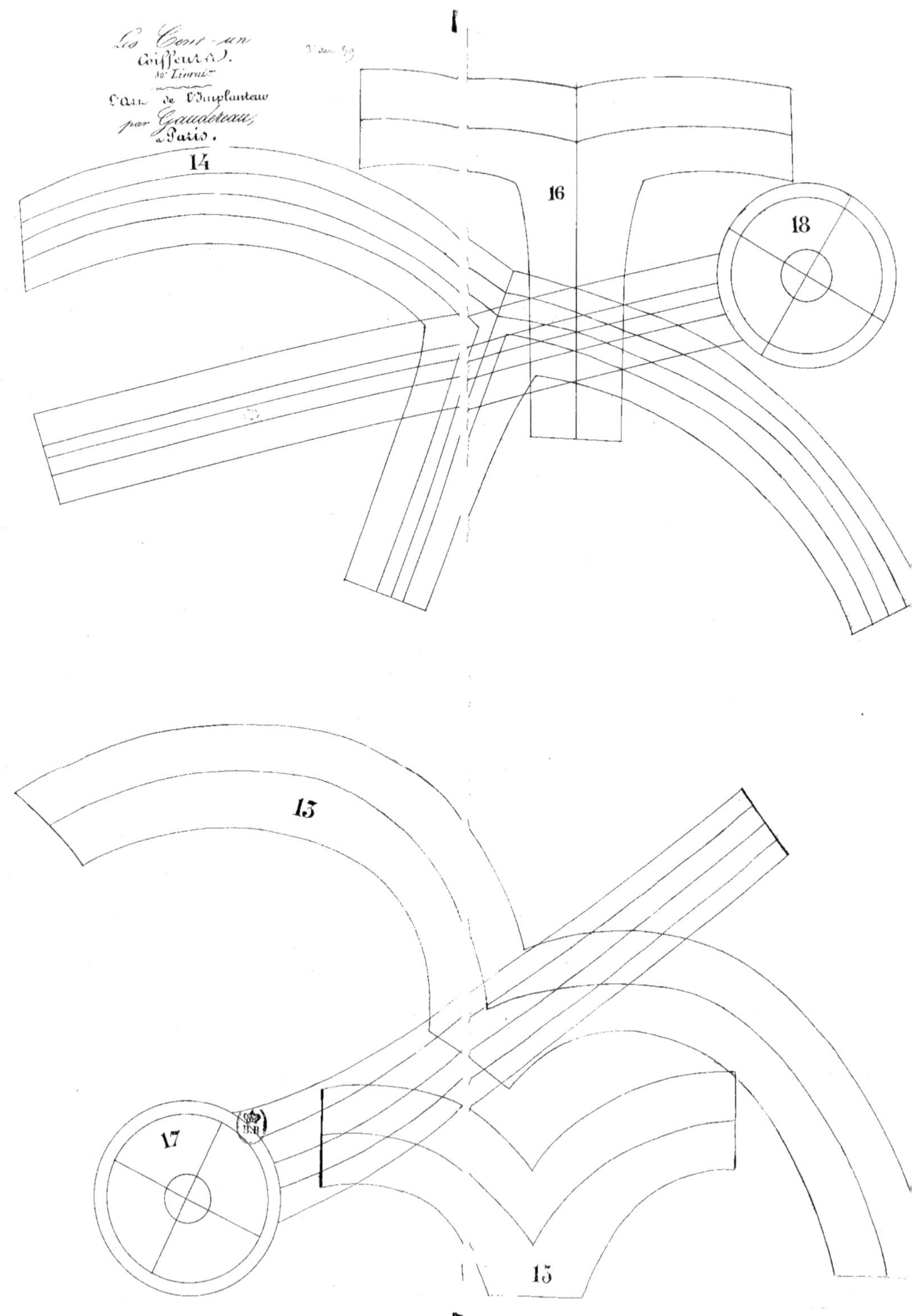
Les Cent-un
Coiffeurs.
30e Livraison
L'Art de l'Implanteur
par Gaudereau,
à Paris.
14
16
18
15
17
13
13

L'ART DE L'IMPLANTEUR.

Par Gaudereau (1) , *rue Neuve-Saint-Eustache , à Paris.*

Il ne suffit pas de savoir passer les cheveux dans du gros de Naples pour être un bon implanteur. Le plus difficile, pour les grandes pièces surtout, c'est de savoir dresser ses modèles, de manière à ce que l'implanté couvre juste toutes les extrémités de la monture. Un cache-folie où les oreillons de devant ne seraient pas parfaitement couverts d'implanté, cela obligerait à coudre de la tresse sur la partie restée nue, ce qui trahirait cruellement. Un implanteur exercé à qui l'on communique la mesure de la tête, trace à l'instant son patron et fait son travail pendant que le coiffeur établit la monture, et l'habitude, ou plutôt la routine qu'il a de ces sortes d'opérations, fait qu'assez souvent les choses se rencontrent justes; mais il ne suffit pas que le travail soit quelquefois bien, il faut qu'il le soit toujours et même divinement bien ; car, on est assez malheureux d'avoir à se surcharger la tête de cheveux étrangers, il faut au moins que les faux cheveux soient travaillés de manière à ne pas choquer la vue.

Pour obtenir que les choses se rencontrent toujours justes, il n'y a qu'un

(1) En publiant l'Art de l'Implanteur, nous avions cru pouvoir nous dispenser de parler de la manière dont on doit tenir son crochet pour implanter, attendu que M. Testu , de Bordeaux , a enseigné cela dans le premier volume ; ainsi que tous les détails qui se rattachent à la partie première du travail , tels que la préparation des crochets , la manière de tenir son crochet en implantant , et celle aussi de tenir les pincées de cheveux pour alimenter le travail du crochet ; mais ayant pensé qu'il pourrait arriver à quelques souscripteurs d'égarer les premières livraisons de l'ouvrage , nous avons jugé nécessaire, avant de terminer ce chapitre important , de redonner dans une note les premiers principes.

Pour procéder convenablement, il faut avant de tendre son gros de Naples sur le métier (petit métier à broder, tournant sur pivot) , connaître la couleur des cheveux qu'on doit implanter, parce que l'étoffe doit avoir une teinte plus ou moins rosée , selon que les cheveux sont plus ou moins foncées. C'est-à-dire , que s'ils sont noirs , le tissu doit être gris-perle; s'ils sont châtains, le fonds doit être blanc un peu rosé, et s'ils sont blonds d'un rose tendre, dit *rose de Paris.*

Ce tissu , tendu tout comme pour broder, doit avoir assez de bande pour qu'il ne plisse pas ; il ne faut pas qu'il soit trop tendu, parce que le crochet déchirerait des fils à chaque piqûre, et les cheveux ne seraient pas bien tenus. La pièce étant tracée, pour passer les cheveux à travers de l'étoffe, il faut , après avoir fixé son bout de tresse et chassé tous les cheveux à la gauche, où ils sont tenus à l'aide d'une épingle, prendre une passée avec le pouce et l'index de la main gauche, éparpiller un peu les cheveux, afin que le crochet qu'on fait passer au travers de l'étoffe , avec la main droite, et en l'entrant par-dessous, le dard tourné à droite puisse accrocher quelques cheveux qu'on fait traverser dans le gros de Naples , en tirant perpendiculairement. Nous ne saurions trop recommander de tourner le dard à droite , et de tenir son crochet droit , en l'entrant et en le retirant, parce que c'est le seul moyen d'aller vite et bien. Au moyen de tous ces renseignemens, il est à présumer que tous les souscripteurs pourront faire leurs implantés eux-mêmes. Cependant , si quelqu'un se trouvait embarrassé, je m'offre à lui donner toutes les leçons qui pourraient lui être nécessaires.

soin à prendre, c'est de faire sa monture à l'avance et de découper son patron sur la monture-même, en ayant le soin de laisser un excédant de trois lignes de chaque côté, parce qu'une raie se raccourcit toujours un peu lorsqu'elle est enlevée du métier. Par ce moyen, on est certain d'avoir non-seulement une raie de la forme que décrit le ruban de monture, mais encore une raie qui couvrira parfaitement les oreillettes, cette partie si minutieuse des perruques de femmes.

Mais, diront peut-être quelques lecteurs, qu'est-il besoin de tout cela? puisque les implanteurs vendent des caches-folies tout confectionnés? Laissons aux implanteurs leur métier et faisons nos perruques... Soit, faisons nos perruques, mais alors faisons-les de manière à ce qu'elles ne resemblent pas à des gazons. Pour cela, sachons ce que nous devons savoir, sachons même plus que nous n'avons besoin de savoir, c'est-à-dire, sachons faire et raisonner l'ouvrage comme si nous devions tout établir par nous-mêmes, afin de pouvoir diriger les confectionneurs. Le Cent-Un a cela d'agréable pour les souscripteurs curieux de connaître toutes les branches de la coiffure que chaque artiste, qui a une spécialité, vient y consigner les découvertes utiles qu'il a pu faire, et nous mettons en fait, qu'à l'avenir les coiffeurs de province et de l'étranger, qui auront suivi cet ouvrage, ne devront jamais être embarrassés en rien dans leur travail ; non pas qu'il soit possible de bien implanter au premier essai, mais bien au deuxième, ou à la rigueur au troisième exercice; toutefois, je conseillerai de commencer par les raies droites, comme étant d'une plus facile exécution.

Revenons à nos patrons : nous avons signalé la manière de s'y prendre pour obtenir juste l'étendue d'un patron ; maintenant il ne nous reste qu'à offrir le tracé des figures. La planche aux modèles d'implantés de cette livraison en contient six, que nous désignerons ainsi qu'il suit, savoir :

N° 13. Devant de cache-folie à pointe.
14. Devant de cache-folie à raies droites.
15 Bec pour bandeaux lisses ou tours frisés.
16   idem   idem   idem.
17. Raie de chair pour toupets ou perruques d'homme.
18. Raie de chair pour perruques *à la Ninon*.

Pour la pose de la raie N° 13, comme pour toutes les raies qui fondent sur le front, nous renvoyons à la page 73, où la question est traitée à fond. Seulement, nous recommanderons les ressorts de M. Guillaume, comme étant ceux qui forment le moins d'épaisseur sous l'implanté.

Nous croyons devoir observer aussi, que la raie N° 18 ne doit jamais être employée pour une raie de côté ; celle N° 17 convient seule pour cet usage, attendu qu'elle suit le ceintre de la tête, ce qui fait qu'elle ne gode jamais, et qu'elle ne produit pas de faux plis. Ces deux dernières raies appellent, surtout, les ressorts *à la Guillaume*, parce que le petit anneau qu'ils ont à chaque bout, fait qu'on peut les poser facilement de chaque côté de la raie, sans qu'ils puissent jamais percer le ruban aux extrémités.

J'oubliais de dire qu'avant la pose d'une raie, il est indispensable de presser les rangs de tresse avec un fer à papillottes chaud, et qu'aussitôt la pose, il est nécessaire de couvrir l'implanté avec des bandes de papier, retenues avec des pointes à perruques, afin qu'il ne se salisse pas au frottement du tablier.

[illegible]

Les Cent-un Coiffeurs.

Ouvrage Spécial.

On souscrit chez l'Éditeur, rue de l'Odéon, N.° 33.

5.ème Leçon de l'Art de la Coiffure; par Croisat.

1 Coiffure du genre gracieux, pour visage plein, crane plat.
2.   id   id   id   pour visage long.
3   id   id   id   pour tête ovale.

1-Coiffure par Larvor, rue Mauconseil, paris. 2 -id. par Gaudereau, r. N.^{ve} St Eustache, paris.
3 - id.   par Astruc fils, p. Montholon, id. 4-Turban, par Gilbert, rue du Bac. 85. id.
5-Coiffure, par Duprat, élève coiffeurs, paris.
6-Renaissance par Brun, de Grenoble. 7-Coiffure, par Léon Sebire, à Chateaudun.

DESCRIPTION DES COIFFURES.

30ᵉ LIVRAISON.

Planche des figures en pied ; par **CROISAT**.

Nᵒ.1—Les cheveux noués à une hauteur moyenne sont séparés en trois parties: deux minces, et une épaisse. La plus forte est employée pour faire la corde à puits, laquelle, décrivant un cercle en se dirigeant de gauche à droite, est fixée et étayée par des épingles noires; on peut à volonté, y passer un léger fil de fer en dedans. Lorsque cette corde a été bien régularisée, bien lissée et mise à son point, c'est-à-dire à l'air de la figure (Voir la leçon suivante sur l'art de coiffer), on croise, en avant du cordon, les deux mèches qui doivent former les deux coques de recouvrement, les cheveux de gauche servent à former la coque la plus étroite, ceux de droite servent à faire la coque de gauche, celle qui domine le chou et contrebalancer la chute de boucles ou échappés qui tombe sur le côté droit. Quant aux touffes, pour qu'elles soient légères, tout en laissant les bandeaux dans leur forme *ferronnière*, je fais poser un doigt sur le petit peigne, je crêpe de nouveau chaque boucle et j'ai le soin de briser les tire-bouchons pour obtenir cet aimable désordre qui donne le caractère gracieux.

Nᵒ.2—*Nœud de Serpent*. Dans cette coiffure les cheveux sont noués aussi, et ils sont séparés en trois mèches pour être employés sur des rouleaux. Je dis sur des rouleaux parce qu'il y en a deux pour composer la coiffure ; un d'environ seize pouces, qui forme la partie supérieure, et un de huit à neuf pour l'anneau d'en bas. Le grand rouleau qui se pose le premier est fixé par le milieu sous le lien, offrant de chaque côté un bout de longueur égale ; ces bouts sont recouverts par les deux tiers de la chevelure qu'on impreigne bien avec de la bandeauline afin de coller les petits cheveux. J'observerai qu'aussitôt qu'il y a un bout de couvert il faut l'assujétir en place, c'est-à-dire qu'il faut le rabattre pour former un anneau, et qu'il convient, pour cela, de commencer par celui de gauche parce que celui de la droite s'enlace agréablement avec l'autre en passant par devant pour aller finir au côté droit du pied de la coiffure, endroit où le second petit bout commence sa fonction pour continuer le nœud de serpent ; la dentelle ornement principal de cette coiffure a une aune et demi de longueur, elle se pose par masses de tuyaux, en commençant par la droite, et arrivé vers le milieu de la tête on la replie sur elle-même, afin qu'en revenant sur la gauche, endroit où la broderie se pose à plat sur le bandeau, il se forme un léger papillon qui contraste avec la rose couverte appliquée contre la tresse à jours, qui garnit la joue et d'où s'échappent deux petites fleurs touchant aussi la figure.

Nᵒ 3.—*Chaperon*. Cette coiffure de jeune personne coquette, au minois chiffonné, au visage rond et au front bas, est une composition des plus simples : la chevelure nouée et séparée en deux est employée moitié sur le rouleau qui s'élève sur le haut du chou et moitié pour former les deux coques qui, vues de profil, imitent un huit. Pour procéder avec ordre, on doit rabattre en avant du cordon, une des mèches pour la fixer à plat sur la tête au moyen d'une épingle noire, ensuite, prendre un rouleau de huit pouces de longueur pour en former un cercle. Le cercle se forme en cousant les deux bouts à l'avance, cela produit le même effet qu'un peigne à un rouleau ; quand ledit cercle est fait et posé contre la tête et que la chevelure sort au travers, il faut prendre la mèche qui est restée libre pour en couvrir le rouleau ; après cela, on prend la mèche qui est restée rabattue en avant, on la crêpe et l'on forme une coque faisant face en arrière, qu'on fixe au-dessous du rouleau ; le haut de ladite mèche est crêpé et roulé en remontant, ce qui termine le 8 et donne une seconde coque qui, descendue plus ou moins, procure le moyen d'accompagner le col, quelle que soit sa longueur : une épingle italienne traversant le chou achève de donner à cette coiffure la grâce que lui imprime déjà la pose hardie du chaperon.

PLANCHE AUX TÊTES.

N. 1.—Coiffure par **LARVOR**, rue Mauconseil.

Ma coiffure, ornée par devant d'une plaque en forme de diadème est enrichie d'épingles d'or piquées dans les touffes. Ces épingles tiennent parfaitement au moyen de petits coussinets fixés sur les tempes à l'aide de crochets à touffes : une touffe de marabouts accompagne le côté de la figure ; mais des épingles d'or, des marabouts, ce n'est pas le plus intéressant ni le plus nouveau, ce qui, selon moi devra être le plus apprécié de mes confrères, c'est cette rosace qui se dessine sur le derrière de la tête et semble donner un démenti à ceux qui ont dit que la coiffure à rouleaux ne saurait être variée. Du reste, l'exécution en est facile, voyez plutôt : On noue les cheveux et l'on rapporte près du cordon quatre bouts de rouleau, courts et pointus par les bouts ; on couvre un des rouleaux et on le rabat en le dirigeant sur la gauche le plus loin qu'il est possible, ensuite, on en prend un autre à la droite du premier, on le couvre puis on le dirige à la gauche pour le poser sous celui qui a déjà été fait, et ainsi de suite. J'observerai que si on veut que la rosace ne touche pas la tête, il faut se ménager une mèche ou *ligature* afin d'en entourer le pied du chou.

N. 2.—Coiffure par **GAUDEREAU**, rue Neuve-Sainte-Eustache.

Je ne parlerai point du devant de ma coiffure, parce que le double rang de nattes est connu, mais je décrirai mon derrière de tête parce qu'il offre un nouveau motif. Dans la nature il produit un meilleur effet qu'ici parce que le graveur n'a pas représenté les croisures avec assez de netteté, mes coques figuraient l'enlacement produit par les doigts de deux mains jointes. Pour l'exécuter, voici la marche : on attache les cheveux dans le creux de la fossette et on les sépare en quatre ou six mèches, selon qu'ils sont plus ou moins longs. Cela fait on chasse des mèches de chaque côté et il n'en reste que deux dans le milieu, après cela on forme avec une des mèches une coque dans le style ancien, ça donne des pointes qui descendent et servent à faire une petite coque par en bas ; cela fait on prend la mèche qui doit se trouver à cet endroit de la tête, puisqu'on débute par disséminer sa chevelure et l'on forme une coque dans le sens de la première, avec les pointes on en fait une autre par en bas et ainsi de suite pour l'autre côté. Quant aux rouleaux qui tombent sur le cou on les fait au moyen de deux mèches qu'on se ménage, ou bien avec de faux cheveux qu'on ajoute après coup.

N. 3. — Coiffure par **ASTRUC FILS**, élève de son père, rue Montholon, n. 30, Agrégé à l'Académie de Coiffure.

L'analyse et la description, sont des choses trop difficiles pour moi, qui ne suis que dans ma quinzième année, et quoique j'aie su remplir les conditions voulues par nos réglements pour franchir le seuil du temple de l'art, j'avouerai que pour cette année, je me contenterai d'offrir à **MM.** mes confrères, purement et simplement, une coiffure de ma composition.

N. 4.—Coiffure par **GILBERT**, Professeur de Coiffure, rue du Bac, n. 85.

Attendu qu'un cachemire *long* donne souvent de l'embarras, et multiplie beaucoup les masses, j'ai imaginé de le doubler avant de le poser, par ce moyen l'étoffe n'en est pas plus difficile à plisser, au contraire, et la coiffure étant plus simple elle n'en est que plus distinguée, exécution : Je double le châle moins un bout d'un quart parce que la partie qui flotte sur le col doit être simple ; dans cet état l'étoffe n'a plus que cinq quarts, ou une aune et demie de longueur ; je prends l'un des coins où l'étoffe est en double, je le fixe à la gauche de la tête, je plisse une masse en long que je pose sur le derrière de la tête en la dirigeant par la droite pour venir former la partie inférieure du turban. Une deuxième épingle fixe l'étoffe sur la gauche de la tête ; là, je reprends l'étoffe à deux mains pour former une longue masse à plis nombreux, masse à qui je fais faire le tour de la tête pour venir ensuite croiser par devant sur la première ; arrivé au point de départ de l'étoffe, c'est-à-dire à la première épingle, j'arrête ma grande masse, puis je l'étends à plat sur le crâne en la dirigeant par la droite pour aller se perdre sous la grande masse : là, le bout reste flottant.

N. 5.—Coiffure par **DUPRAT**, élève, Coiffeur et Fabricant d'implantés.

A cette séance extraordinaire, disait il y a quelque temps la circulaire d'un homme qui coiffe ayant les yeux bandés, j'éxécuterai une coiffure sans épingle, sans peigne et sans cordon.—Bah ! disaient les uns en recevant l'imprimé ; cela ne se peut pas, disaient les autres, qui souvent embarrassés pour coiffer en y voyant avec leurs deux yeux ne concevaient pas qu'on put juger des effets étant aveugle. Il faut que je voie ça, me dis-je, moi, qui suis un amateur de nouveaux procédés. Ce procédé, le voici : Avant de réunir les longs cheveux dans la main gauche, après les avoir parfaitement démêlés, j'en détache sur le côté droit de la tête une mèche pour me servir de lien, mais, comme ce cordon n'offre pas deux bouts ainsi que ceux en lacet dont on se sert habituellement, j'arrête le bout au moyen d'une épingle, que je plante dedans ou dessous le cordon ; cela fait, je prends une mèche pour former une des coques d'en haut que je crêpe, que je lisse, que je moule sur la main gauche et que je fixe auprès du cordon à l'aide d'un brin de cheveux tourné plusieurs fois. Chacune des autres coques est faite et fixée de la même manière, et les fleurs aussi, sont tenues par des pincées de cheveux qui vont toutes aboutir sur le cordon. Cela est tellement solide que l'épingle, qui d'abord est indispensable pour retenir la ligature, peut être retirée à la fin, ce qui fait que ma coiffure est, au besoin, comme celle du coiffeur aveugle, sans épingles, ni peigne, ni cordon. Quant au devant, il est fait absolument de la même manière, c'est-à-dire, que les cheveux sont noués sur les tempes, et que les coques et les fleurs sont tenues là, comme par derrière, avec des mèches tournées.

N. 6.—Coiffure à la RENAISSANCE ; par **BRUN**, de Grenoble.

Je fais la raie en cœur renversé, puis je partage les cheveux de derrière en trois parties, tirant une raie oblique de l'oreille droite à celle de gauche ; puis, je place un rouleau de trente pouces horisontalement sur le derrière de la tête, plus ou moins haut, et je donne les deux bouts à tenir à la dame ; je prends ensuite les cheveux de gauche que je roule à droite, sur le rouleau et en passant près des tempes ; je prends les cheveux de devant, je les faits tourner au tour en même temps et les fixe au bout avec une petite épeingle simple. Je jette ensuite la partie du milieu en avant sur la tête pour qu'elle se trouve entre deux, puis je fais de la partie droite de même que de celle de gauche ; cela terminé, je place une aune de bouillon d'or par le milieu, sur le rouleau et le fais tourner autour des deux parties ; ensuite, j'arrête les extrémités avec des petits crochets et je tourne les rouleaux autour des oreilles plus ou moins bas, selon la coupe de figure ; après, je place un petit rouleau de 8 à 10 pouces entre le croisé de cheveux et j'y roule la 3me partie dessus, ce qui me donne un cercle parfait que j'orne aussi de bouillons d'or. La première plume se place derrière le petit rouleau, pour qu'elle se balance sur l'oreille gauche, et la seconde se place en sens inverse, de manière à caresser l'épaule droite : cela terminé, je pique une épingle à étoile entre les tiges des deux plumes, ce qui donne à cette coiffure un air de grandeur. Je la recommande à une jeune femme d'une figure douce et longue.

N. 7.—Coiffure imitant une pensée ; par **LÉON SÉBIRE**, de Châteaudun.

Lier les cheveux, prendre une petite mèche au milieu de la chevelure, laquelle sert à former le bouton en la tordant en limaçon, et la serrant bien ; ensuite, faire les deux coques du haut et celle du bas ; pour les deux autres, il faut réserver une petite mèche pour les serrer autour du bouton, ce qui les fait ressortir du milieu. Les pointes des cheveux entourent le pied de la coiffure. Pour qu'elle imite bien la pensée, il faut ajouter trois feuilles artificielles autour des coques, ce qui rend l'imitation parfaite. Une rose est fixée sur le peigne ; du côté gauche ; touffes à la Sévigné.

✦

DE L'AIR DU VISAGE.

CINQUIÈME LEÇON DE L'ART DE COIFFER.

PREMIÈRE PARTIE.

Ce n'est pas assez que le coiffeur sache approprier la coiffure à la forme d'une tête et qu'il sache aussi disposer les masses de manière à faire disparaître tous les défauts de construction : l'important, c'est qu'une coiffure remplisse la condition impérieuse sans laquelle elle ne serait qu'un barbarisme, c'est à dire qu'elle s'harmonie avec les traits.

Un homme dont on arrange les cheveux, s'il s'aperçoit que sa coiffure n'a pas un caractère qui corresponde à celui que la nature a gravé sur ses traits ; il est contrarié, il hausse les épaules en voyant son coiffeur se donner une peine terrible pour l'enlaidir ; mais il concentre sa colère, et il murmure tout bas ces mots : *barbarisme* et *matérialisme* vous me déguisez : mais, si au lieu d'un être fort et patient qui pose, c'est une jeune femme qui prend place devant le miroir, prenez garde à vous, Messieurs mes confrères, la femme voyez-vous, autant elle est aimable et gracieuse lorsqu'elle s'aperçoit que vous l'embellissez, autant elle vous admire, vous aime et cherche à vous faire du renom lorsque vous êtes parvenu à attrapper sa figure (expression vulgaire); la femme, cette créature délicate, qui est l'esclave du coiffeur-artiste tout aussi bien que d'un amant qui a su la charmer; qui accompagne d'un regard, d'un sourire approbateur, la naissance de chaque masse qui se forme sous ses doigts, qui se plaît à causer avec lui, à lui montrer sa jolie toilette, à le consulter même sur le choix des atours; la femme, cet être charmant, cette fleur suave dont le parfum fait envie à tous les mortels, dont le service plaît à tous les hommes, tel que l'Océan lorsqu'il se forme un orage, vous la verriez se gonfler de colère si, par malheur votre ouvrage n'ajoutait pas à sa beauté et l'édifice que vous seriez parvenu à élever (non sans peine et sans éprouver de nombreuses contrariétés, car la position est bien différente quand on ne sait pas trouver le point), semblable à un vaisseau d'une structure imparfaite et ayant à lutter contre des vagues furieuses, on le verrait bientôt s'écrouler ou fondre en éclats sous les mains convultionnées de la femme en colère qui, sans ménagement pour les fleurs ni pour une chevelure qui d'habitude fait l'objet de tous ses soins; oui, on verrait disparaître une à une toutes vos coques et vos tresses, la femme retrousserait ses cheveux elle même, elle crierait à la migraine, aux vapeurs, son bal serait manqué et vous seriez un homme affreux! un monstre: un monstre indigne de jamais reparaître devant elle.

O vous qui avez embrassé la carrière de la coiffure; vous, mes lecteurs, avec qui je me plais à causer *métier*, ne vous est-il jamais arivé d'avoir de la peine à saisir l'air du visage d'une femme? quant à moi cela m'est arrivé plusieurs fois, cela m'arrivait même assez souvent avant que la déesse de la toilette ne me confiât ses secrets; et la contrariété que j'éprouvais, tant par rapport à mon amour propre qui se trouvait froissé d'avoir à recevoir des leçons d'un client, que parce que cela m'obligeait de refaire tout ou partie du travail, cela me détermina à faire des études spéciales afin de pouvoir, en véritable artiste, me rendre compte de tous les effets, et en 1826 je commençai à prendre des leçons d'anatomie et de dessin; la révolution de juillet survint au moment où je finissais d'étudier le principe linéaire, étude sans laquelle je n'aurais jamais pu faire la sixième ni la douzième leçons de ma méthode de coiffure, (1) que je publiai en 1831 et dont le succès me fortifia dans la haute idée que je m'étais faite de mon état; aussi je ne cessai pas de travailler pour ajouter aux fondations que j'avais établies, je puis le dire sans fadaise, avec bonheur; c'est donc imbu de toutes ces études et du même sentiment d'observation que je prends la plume pour tracer les règles à suivre dans l'exécution des coiffures par rapport aux différences de traits.

« La nature, ainsi que je le dis dans la partie historique de ma Méthode a « imprimé sur la face de chaque individu un caractère différent. Une coiffure « qui ne s'harmonie pas avec les traits, change la physionomie et la rend mé- « connaissable : si au contraire, elle s'accorde avec eux, elle en augmente les « charmes sans en altérer l'expression. Tous les auteurs qui ont écrit sur la « toilette des femmes, dis-je dans ma sixième leçon, consacrent cette vérité : « on la répète en tout lieu, mais sans résultat, vu qu'on n'a pas posé de prin- « cipes; sous ce rapport. j'espère être plus heureux que mes devanciers, car, « je vais joindre l'exemple aux préceptes. »

(1) La méthode de coiffure ne traite que de l'art de parer les femmes, mais elle traite cette matière à fond et les principes qu'elle renferme sont généraux, c'est-à-dire applicables à toutes les modes : passées, présentes et à venir. Deuxième édition.

Ce langage doctoral que je tenais, il y a huit années, quoiqu'il excitât beaucoup la jalousie de quelques uns de mes rivaux, et bien je le tiens encore aujourd'hui et je le tiens avec d'autant plus de force qu'il est parfaitement goûté de mes lecteurs. (1)

Aujourd'hui nous ne traiterons que des figures gracieuses, de ces figures qui sans être belles sont jolies.

Comme nous allons avoir à faire application de divers caractères de coiffures, il est bon, il est essentiel de bien s'expliquer sur ce qu'on entend par caractères de figures : et je vais définir celui qui fait l'objet de la première partie de cette leçon : charme, attrayant, piquant sourire et minois chiffonné, c'est-à-dire figures qui par leurs gracieux regards, leur sourire vif, ou bien qui par l'organisation irrégulière de leurs traits respirent une grâce enchanteresse qui vous attache comme l'ément fixe l'acier ; ceci posé je dois définir les coiffures qui conviennent à ces nuances du caractère gracieux, en attendant que je joigne l'exemple au précepte : coiffures qui par leur légèreté aérienne, leur abandon ou les contrastes qu'elles offrent accompagnent divinement des traits aimables, et joignant le cachet de la galanterie à celui de la bonne société donnent aux femmes qui les portent un laissé-aller admirable, surtout lorsque la nature leur a donné une attitude gracieuse, ou bien, que par l'art de la couturière et les leçons de maintien que donnent les maîtres de danse de hauts lieux, elles parviennent à s'en donner une *composée* qui corresponde à ce joli désordre qui règne sur leurs traits ainsi que dans l'arrangement de leurs cheveux. Mais encore nous faudrait-il quelques renseignements minutieux sur la nature des traits chiffonnés qui constituent le caractère gracieux, car avec vos généralités on peut s'y perdre, me diront peut-être quelques lecteurs, artistes en herbe. Je vais vous satisfaire, Messieurs : font partie du genre gracieux, les figures dont les yeux remontent un peu des côtés sans loucher et dont les sourcils décrivent une ligne brisée remontant aussi de côté ; celles dont le nez retroussé a les narines qui remontent de manière à faire contracter les muscles qui approchent les os des pommettes ; celles où le front de moyenne hauteur compte deux protubérances, (lignes de sagacité selon GAL.) Celles dont la bouche est couronnée par de petits muscles qui se contractent, et remontant

(1) Pendant que ces mêmes rivaux employaient tout leur temps à me miner par l'intrigue et la calomnie, moi je travaillais sans relache à l'émancipation de la coiffure, et au moment où les colporteurs de certaines misérables feuilles, soi-disant faites par amour de l'art, tandis qu'elles ne sont véritablement faites que par amour de l'argent ; lorsqu'ils s'en vont parcourant les villes et les provinces disant partout que je suis ruiné, que le Cent-Un ne paraît plus, voici encore une livraison de plus qui vient épouvanter leur faible concurrence, et que 25,000 francs de mon bon argent viennent d'être placés sur première hypothèque pour leur prouver que si par malheur le temps me manquait, quelquefois, pour faire mes dessins, j'aurais toujours une réserve pour subvenir à ces menus frais.....Mais d'ailleurs n'ai-je pas mes huit cents souscripteurs qui, par leur exactitude à remplir leurs engagements, sont la meilleure garantie que l'ouvrage paraîtra régulièrement chaque mois ainsi que par le passé. — Je suis confus d'avoir à entrer dans de semblables détails, mais je tiens à honneur de dissiper de faux bruits, que des hommes qu'on croit honorables cherchent à accréditer pour ruiner mon entreprise afin de cesser eux-mêmes une publication qu'ils ne font que par haine et jalousie pour moi ; que MM. les souscripteurs de province ne se laissent donc pas influencer par le bavardage calomniateur de certains voyageurs de journaux, et qu'ils se méfient au contraire ; car ainsi que me l'a dit plusieurs fois l'éditeur d'un petit journal très connu : quand vous cesserez de publier votre Cent-Un, je ne ferai plus mon journal. Oh ! amour de l'art.

aussi de chaque côté, font qu'on remarque un petit trou sur le devant des joues, toutes celles où la pétillance du regard vous monte la tête, et dont la coquetterie vous fait mourir de chagrin et d'amour.

Font partie de ce caractère : 1° les trois sujets de la planche des figures en pied, de la 30me Livraison.

Le N° 4 de la 5me Livraison.
Le N° 9 de la 11me page 44.
Les N°. 1, 3 et 7 de la 12me Livraison.
Le N° 5 de la 13me Livraison.
Le N° 2 de la 17me Livraison.
Le N° 2 de la 22me Livraison.
Le N° 2 de la 25me Livraison.
Et le N° 4 de la 29me Livraison.

A cet aperçu (quand on possède l'ouvrage entier et c'est pourquoi je conseille bien à mes confrères de ne pas en égarer aucune livraison) il est facile de se pénétrer, malgré la petitesse des figures qui ne permet pas de détailler toujours bien les nuances des traits, de ce que j'entends par caractère gracieux.

Dans ma Méthode de coiffure j'imaginai la mobilisation des coiffures ce qui me fournit le moyen de pouvoir essayer plusieurs coiffures.

Cette idée donna naissance au journal *la Poupée*, mais comme ici le nombre des modèles est considérable, j'ai pensé pouvoir me dispenser de ce procédé et je me contenterai de renvoyer aux planches de l'ouvrage. Si je n'étais pas l'auteur de la Méthode de coiffure, je conseillerais à mes souscripteurs de se procurer cet ouvrage comme moyen d'arriver plus sûrement et plus promptement à la connaissance parfaite des principes fondamentaux, mais je ne puis faire l'apologie de mes œuvres, je me borne donc à mentionner ce livre de six francs, c'est d'ailleurs un devoir pour moi par rapport à ceux qui aimant leur état avec amour, font tout ce qu'il faut pour le posséder.

Ayant signalé diverses figures de l'ouvrage qui font partie du caractère gracieux, il ne me reste, pour compléter cette partie de la leçon, qu'à désigner les coiffures qui appartiennent à ce genre ; mais je ferai observer que les figures placées sous certaines coiffures, ne sont pas toujours analogues ; le burin et le coloris altèrent trop souvent des traits aussi petits ; néanmoins, comme il s'en trouve plusieurs en parfaite harmonie avec les coiffures qui les accompagnent, on pourra, au moyen des données qu'on trouve dans cette leçon et le secours des planches sus-indiquées, on pourra dis-je, se fortifier assez, dans l'art pour trouver au premier coup-d'œil ce qui convient à toutes les physionomies du genre gracieux.

Le N° 4 de la 1re livraison, **Rey.**
Le N° 2 de la 2me livraison, **Puget.**
Le N° 7 de la 2me livr. **Croisat.**
Le N° 5 page 14. **Puget.**
Le N° 7, même planche, **Roméo.**
Le N° 2. page 18, **Chalmain.**
Le N° 4. Même planche, **Croisat.**
Le N° 2. Page 44, **Elie.**
Les nœuds **H** et **I.** Même pl., les N° 4 et 8 de la même liv. **Croisat.**
Le N° 7 de la 12me livr. **Croisat.**
Le N° 3 de la 15me livr.   id.
Le N° 1 et 2. Même planche, par **Félix**

Le N° 2 de la 18me livraison, Croisat.
Le N° 4. de la 19me livraison, Bejet.
Les N°s 1 et 2 de la 22me livraison, Croisat.
Le N° 5 de la 23me livraison. Puget.
Le N° 1 de la 26me livr. Fournier.
Le N° 5, même planche, Bouvier.
Le N° 5 de la 28me livr. Michel Adolphe.
N° 1 de la 29me livraison, Croisat.
N° 4. même planche, Nougaret.
Mes 3 coiffures de cette livraison.
Le Turban de M. Gilbert.

Comme dans chaque caractère il y a plusieurs nuances, je m'en vais subdiviser les caractères par trois, ce qui nous donnera neuf nuances de physionomies; par ce moyen s'il arrive qu'on ne saisisse pas la nuance qui convient au juste à chacun, on évitera du moins les fortes discordances; et personne ne sera défiguré.

Les coiffures du caractère gracieux s'appelleront donc, ou,— Coiffure à effet,— Coiffures coquettes, ou, — Coiffures gracieuses.

Seront à effet, toutes celles où l'on distinguera des lignes brisées ou des contrastes fortement dessinés; — Seront coquettes toutes celles où l'on remarquera une certaine recherche et de l'affectation; — Seront réputées gracieuses, toutes celles dont le jet contribuera à leur donner un aspect aimable et pur.

1re NUANCE A EFFET.

Puget. 2me Livraison de l'ouvrage.
Ma coiffure, 2me liv.   «
  «   «   N° 3 15me liv. «
Mes N°. 1 et 2 de la 22me livraison.
Ma coiffure, 29me livr.
Nougaret,   id.

2me NUANCE COQUETTE.

Roméo. Page 14 de l'ouvrage.
Chalmain. 5me livr.   «
Ma coiffure «   »   «
Elie. Page 44.   «
Mes coiffures H, I et le N° 4 page 44.
Félix. 15me livraison de l'ouvrage.
Ma coiffure 18me livr.   »
Béjot. 19me livraison   »
Puget. N° 5. 23me liv.   «
Mes N°. 1 et 2. 30me livr.   «
Gilbert. 30me livraison   »

3me NUANCE GRACIEUSE.

Rey, 1re livraison de l'ouvrage.
Puget. Page 14.   «
Mes coiffures, pages 44.   «
  « N° 7 de la 12me livr. «
Fournier. 26me livraison. «
Bouvier.   »   »   «
Michel-Adolphe. 28me liv. «
Mon N° 3 de la 30me livr. «

Ayant ainsi classé les nuances qui appartiennent à ce caractère, je pourrais presque, sans inconvénient, passer à la deuxième partie de la leçon ; mais, ne voulant pas qu'aucun souscripteur puisse avoir le moindre doute sur les principes dont il s'agit, je vais faire application sur des coiffures parées, des règles que j'ai posées sur d'autres qui sont simples ou peu ornées, et je dirai que celles N° 1 et 2 de la planche aux brosses, quoique coiffées bien différemment, quant à l'ampleur et aux accessoires, reproduisent la deuxième nuance, celle coquette, mais à différents degrés d'âges ainsi qu'à des proportions de statures différentes. Le N° 3 de la même planche où l'on distingue à partir des follettes tombantes à celles de droite une ligne oblique, et de ces mêmes plumes à celles qui ornent le côté du chou une autre ligne, obliquant en sens opposé, ce qui forme une ligne brisée, rend parfaitement la première nuance, (à effet) celle qui convient aux femmes extraordinaires, d'une attitude et d'une mise plus prétentieuses que celle représentée ici ; car il faut le dire, ce costume est d'un style trop modeste pour la pose décidée des marabouts.

Je ne m'étendrai pas plus loin dans l'exécution des coiffures gracieuses ni dans la définition des figures auxquelles on doit les approprier, quoiqu'il y aurait encore beaucoup à dire à ce sujet ; mais le langage de la partie scientifique n'étant pas encore passé en habitude dans la masse de mes confrères, trop d'étendue pourrait nuire aux heureuses dispositions que montre pour l'étude un grand nombre de mes souscripteurs. Je m'arrête donc, me réservant de revenir plus tard sur ce chapitre, chaque fois que le même caractère se reproduira sous d'autres formes ou d'autres ornements ; car de même qu'on ne doit jamais se lasser dans la recherche de la vérité, de même, on me verra toujours actif à démontrer, autant qu'il me sera possible, les véritables règles de l'art (1).

(1) L'éditeur croit devoir informer MM. les souscripteurs, que par mesure d'ordre et pour lui économiser le temps d'une comptabilité minutieuse, qui finirait par ne plus lui laisser le loisir nécessaire à la direction de ce traité, aux soins des dessins, de la gravure ainsi que du coloris, il a résolu de ne plus recevoir de souscriptions sur bulletin, et de ne servir que celles payées à l'avance et adressées franco, conditions sans lesquelles tout envoi de lettre et même d'argent est refusé.

On souscrit à l'ouvrage chez l'Editeur, rue de l'Odéon, 33, chez tous les libraires et maîtres de postes, ainsi que chez les directeurs des messageries de tous pays.

CONDITIONS DE LA SOUSCRIPTION :

Paris, 10 fr. par an, 5 fr. 50 c. pour six mois : Province, 11 fr. par an, 6 fr. pour six mois. Etranger : 12 fr. par an, 6 fr. 50 c. pour six mois.

DESCRIPTION DES COIFFURES.

31ᵉ LIVRAISON.

PLANCHE AUX BROSSES.

N. 1.—Berret à la *Béarnaise ;* par **CROISAT**, Béarnais.

Ce fut en 1824, lors de la mort du roi Louis XVIII, qu'à la suite d'un voyage dans ma famille, d'où j'apportai des berrets de laine bleue, que je m'occupai à composer des coiffures de femme ayant la forme de celle des hommes de mon pays. Le moment n'était pas favorable ; toute la cour et même la ville portait le deuil du roi. Le *petit Courrier des Dames* qui publiait mes compositions avait encadré ses images d'un large filet noir qui repoussait l'éclat des ornements dont je voulais enrichir mes toques. Mais dans les cours le deuil n'est pas de longues durée et bientôt l'or et le rose qu'on vit se mêler au noir (1), ce bizarre mélange qu'on appelle demi-deuil, quart de deuil, etc.; me donna l'idée de composer mes berrets avec des couleurs tranchantes, et j'en fis un avec de la chenille noire et du Jais d'acier. Cette coiffure, sorte de résille, étant d'un prix élevé et les réunions étant rares alors, je tournai mes regards vers Madame la duchesse de Berry qui commençait déja à retourner à son théâtre. Mais peu connu à la cour, car je n'y étais introduit qu'au moyen des gravures du Petit Courrier, l'entrée de sa maison ne m'était pas facile ! Que faire ? Allons donc, me dit mon professeur, doit-on s'arrêter à de semblables difficultés ; la princesse aime les artistes, il faut lui parler...Non, dis-je, il faut lui écrire, c'est plus facile ; la toque, d'ailleurs, servira de passe-port à l'épître.— C'est cela... et nous voilà en train de faire une épître à la duchesse où nous décrivons la toque ainsi que la coiffure aux aîles dorées... que le ciel bénisse à jamais la plume de mon bon aristarque ; le succès dépassa mes espérances, car la coiffure copiée bientôt par Mᵉ Mure, modiste, fit fureur ; la princesse m'acheta une foule d'autres objets, durant le cours de quatre années, et si j'avais été un homme à aller demander à Saint-Sulpice un certificat de bonnes mœurs, M. Fesler, sécretaire des atours, m'aurait délivré un brevet d'hon-

(1) La coiffure que je fis sortir dans le Petit Courrier, sous le n. 353, la première qui fut composée de coques nouées au pied, est ornée de deux ailes d'oiseaux de Paradis, aux plumes dorées. Le costume de la figure est noir à cordelière d'or.

Les Cent-un Coiffeurs, Ouvrage spécial.
On souscrit chez Croisat, rue de l'Odéon, N° 33.
1
2
3
A
C
E
D
B
4
5
6
Nᵒˢ 1 à 3, Coiffures parées du genre Gracieux
par Croisat.
Nᵒˢ 4 à 6, Modèles de rouleaux à l'usage
des Coiffeurs.
A, Brosse-peigne. B, Brosse à dents.
C, Brosse-Bandeaulinne.
D, Pinceau en Soie.
E, Pinceau en Blaireau.

neur de la princesse; point de certificat, point de brevet, c'était la consigne du secrétaire... mais voici l'épître en question :

NOBLE mère d'un Prince espoir de la patrie,
Vous avez plus d'un titre à l'immortalité :
Vous brillez à la Cour dont vous êtes chérie
Par l'éclat des talens unis à la beauté.
    Tout est soumis à leur empire:
Les successeurs d'Apelle et les fils de Linus,
    Et celui que la mode inspire.
Ce n'est que d'elle, hélas! que mes droits sont connus'
    J'ai fait, docile à ses caprices,
Des Toques d'une forme et d'un genre nouveau,
Où la perle de jais s'entrelace au réseau.
Si ce léger tissu paraît sous vos auspices,
Je saurai l'enrichir et l'orner de rubis
Quand au deuil sur nos bords succèderont les ris.
Ce tissu, pardonnez à ma voix indiscrète,
    Ne doit couvrir qu'un front majestueux
Qui balance avec grâce et la plume et l'aigrette.
Je vous l'offre, PRINCESSE : à qui convient-il mieux?
    Pour ma Coiffure... ah! d'un coup d'œil rapide
Honorez cet objet que j'ose encore offrir.
    Il vient de loin!... mais daignez parcourir
L'histoire du pays où j'ai marché sans guide.

Avant que par les Grecs le Scamandre insulté
Du sang de vingt héros vît son urne rougie.
    Les jeunes filles de Phrygie
Lui portaient le tribut de leur virginité.
Le sein demi-voilé, de roses couronnée,
La vierge, en se livrant à l'objet de ses vœux,
Laissait tomber les fleurs qui paraient ses cheveux
    Sur la couche de l'hyménée.
Dans les champs phrygiens il m'a fallu chercher
    Ce modèle de ma coiffure;
Là j'ai bientôt senti que l'on doit rapprocher

L'art chargé d'ornemens de la simple nature ;

Je n'ai pas conservé la couronne de fleurs.

L'Aquilon souffle encore, et j'attends que Zéphyre

Leur rende leur éclat, leurs parfums, leurs couleurs;

Mais l'espoir de ses dons ne peut pas me suffire.

J'interroge les mœurs, je consulte le temps,

Pour obtenir de vous un regard tutélaire :

Princesse, ce regard est le prix que j'attends,

Si mes efforts ont pu vous plaire.

Exécution du berret exécuté avec de la gaze. — On tord les cheveux, on les retient avec une fourchette et la moitié reste derrière le peigne afin de pouvoir former deux tresses, une en sept branches, qu'on rabat en avant et sur laquelle on bâtit son étoffe, l'autre en circassienne, pour servir à orner la calotte et le derrière du berret. Deux morceaux d'étoffe d'une aune chaque, et dont un est semé de *Pois-clinquants* sont ajustés sur la tresse de devant, pli par pli, en commençant à l'oreille gauche. Le premier morceau, va jusqu'au milieu du front et l'autre continue. Arrivé à la droite de la tête, lorsque toute l'étoffe est plissée, on la relève dans toute l'étendue du bâti pour la fixer encore pli par pli au-dessus de la tresse : cela donne un grand crévé qui se soutient surtout si l'on a le soin de façonner et de contrarier le plissage. Après avoir fait son 2ᵉ plissé il reste l'excédent de l'étoffe, car la passe du berret n'absorbe pas toute la largeur ; eh bien! avec cet excédent, on en couvre son dessus de tête. La tresse circassienne qui part de derrière la fourchette divise les deux masses et l'oiseau de paradis se place en dernier lieu sur le bord de ladite tresse où une seule épingle le tient fixé, vu les griffes qui pénétrent dans le corps de la natte.

N. 2. — Coiffure par le même.

Les cheveux dirigés sur la droite de la tête forment trois tresses. Celle faite avec la superficie de la chevelure fait le tour du cordon et vient joindre les deux autres qui sont fixées à la gauche de la tête où elles se terminent par un bouquet de coques en nattes enrichi de trois épis.

La plume d'Autruche qui se balance à droite, rétablit l'équilibre dans la coiffure et accompagne agréablement le visage qui, selon la règle ci-dessus posée, doit être chiffonné (genre gracieux).

N. 3. — Coiffure par le même.

Dans ce composé de coques doubles et de coques simples il n'y a rien d'extraordinaire, il suffit de bien dégager le pied de la coiffure et de pencher son chou à gauche afin qu'il se trouve juste au milieu de l'intervallé qu'il y a d'une touffe à l'autre, chose indispensable pour éviter le tirage, c'est-à-dire pour que la tête n'ait pas l'air d'être plus chargée d'un côté que de l'autre (lois de l'équilibre).

BROSSES MÉCANIQUES.

A. *Brosse-Peigne*, c'est-à-dire, brosse ayant les soies courtes et penchées, de manière à dispenser de l'emploi du démêloir pour donner le fion à une tête d'homme; contenant l'oléin (1) qui se répand dans la chevelure pendant que le coiffeur, (sans se salir les mains) organise sa touffe au caprice du jour.

B. *Brosse à dents* manche en cristal couvert d'une toile argentée, contenant l'eau dentifrice ou celle des fumeurs, fort commode pour l'emploi de la bandeauline vu le manche qui contient la liqueur.

C. *Brosse bandeauline*, laquelle montée en soie raide est on ne peut plus commode pour le lavage des ongles, le savon se trouvant renfermé dans le manche, d'où il sort lorsqu'on ouvre le robinet.

D. *Pinceau mousseux*, économisant deux minutes par barbe. Ce pinceau abolit à jamais l'usage du plat à barbe et de l'écuelle *omnibus*. En effet, qui y a-t-il de plus agréable pour un perruquier que de savonner les barbes sans jamais se mouiller les mains... pas de mouillage, pas d'essui, or, économie de temps. Répétons cette économie sur chaque barbe et nous trouverons un immense avantage à nous servir de cet instrument. Je sais qu'il y a des confrères et même des pratiques tellement routinés au savonnage à la main qu'on aura de la peine à leur faire comprendre le progrès qu'il y a dans cet accessoire du barbifiage; mais quand on leur dira que le jury de l'industrie l'a admis à l'exposition, parce qu'il économise du temps, en évitant tous les apprêts, qu'il contient le savon et qu'il suffit d'y faire tomber dessus quelques gouttes d'eau de la fontaine, et d'en frotter le menton pour obtenir à l'instant une mousse épaisse; que les pratiques sont charmées de voir que cet instrument qui les dispense du plat à barbe et de l'écuelle générale, leur procure à chaque barbe du savon nouveau ; que les abonnés ayant un de ces pinceaux n'ont plus de rapport avec les autres pratiques ; que cela est d'une grande commodité pour les voyageurs; que cet instrument dont l'idée première était heureuse vient d'être perfectionné et que le savon qu'on emploie pour s'en servir, loin d'entraîner les barbiers en dépense, ne coûte au contraire qu'un franc la bouteille, moins que celui dont on use dans les cuisines. Il ne faut pas qu'on objecte que le blaireau est trop doux, nous avons la soie de porc qui coûte moins chère et qui savonne mieux que la main.

Rouleaux de trois grandeurs à l'usage de la Coiffure lisse.

Personne n'ignore que les femmes introduisent des morceaux de bourrelets dans leurs coiffures pour simuler des chevelures épaisses. Des rouleaux on en

(1) L'oléin est une huile mi-concrète et brillante, qui remplace le philocôme, et vaut mieux que l'huile antique, attendu qu'il ne dessèche pas les cheveux.

fait partout, mais comme il y a en cela comme en autre chose, du bien et du mal, je m'en vais indiquer la bonne manière de les établir.

On prend de la Napolitaine (sorte de mérinos lisse) et l'on taille ses rouleaux en biais à l'aide de modèles de carton qui doivent avoir au centre trois pouces, et un pouce par les bouts, plus ou moins, selon la grosseur dont on veut les avoir. L'étoffe étant taillée, on réunit les deux bords par une couture, et ensuite on retourne le fourreau pour rentrer ladite couture et obtenir un dessus lisse. De la laine cardée est introduite au moyen d'une baguette et l'on termine son rouleau par deux œillets qu'on fait aux extrémités. Il est inutile de dire que le N° 5 ne pourrait être taillé sur le même patron que le 4, et qu'il faut avoir un modèle tout exprès pour celui-là!... Le N. 6 est le rouleau nécessaire aux coiffures à la Renaissance, dont on trouve plusieurs modèles dans le Cent-Un.

PLANCHE AUX TÊTES.

N. 1. — Coiffure par **GALABERT**.

—Galabert, je suis extrêmement pressé et je vous déclare que je m'en vais si vous ne me prenez de suite...—Ouf! c'est à ne pas y tenir! quelle foule aujourd'hui chez moi! C'est égal, monsieur, ne vous impatientez pas, mon cinquième commis va vous mettre en papillottes, aussitôt que le fer vous aura communiqué son calorique, je cours me précipiter dans votre chevelure et en moins de deux minutes vous êtes *Galabertisé*; toutefois, il faut que vous disiez à mon préparateur si c'est une Ruyblas que vous voulez avoir, une Ecossaise, une Vaporeuse, ou bien ma célèbre Triomphante, à moins que vous ne préfériez le mêlé de grâces ou la coiffure à deux circonstances que je compose en ce moment pour en enrichir l'ouvrage des Cent-Un.

A propos, monsieur mon commis, veuillez remplir une brosse mécanique d'eau Athénienne pour faire partir les mille pellicules qui étouffent les racines des cheveux et ternissent le lustre que la coiffure doit avoir.

N. 2. — Chou du Papillon, par **CROISAT**.

Jeune fille, si vous avez quinze ans, le front bas, les sourcils bien marqués et le haut de la tête arrondi, vous pourrez avoir la coiffure au papillon, cette coiffure où les cheveux sont liés au bas de la nuque pour que le coiffage n'altère pas la jeunesse ni la pureté des traits. Pour vous arranger ainsi, parcourez cette livraison des Cent-Un, vous y trouverez plusieurs modèles de rouleaux, le numéro 5 entre autres vous sera utile. Ce rouleau se place le milieu sous le lien ; la chevelure est divisée en quatre mèches ; une est employée pour couvrir la moitié du rouleau de gauche, rouleau qu'on rabat à droite pour en arrêter le bout près d'un cordon ; une pour couvrir le bout du rouleau de droite, et qu'on rabat à gauche pour l'enlacer dans le premier en passant par devant ; une troisième mèche qui s'échappe au travers du nœud est crépée en dessous et rabattue jusqu'au cordon où elle est liée par un lacet ou bien un brin de cheveux : avec le bout des cheveux on fait une seconde coque qu'on arrête

Les Cent-un Coiffeurs.

Ouvrage spécial.

On souscrit chez l'Editeur, rue de l'Odéon, 33, à Paris.

aussi, au moyen du lacet, et s'il reste une petite pointe on l'emploie autour du lien. Les deux coques parallèles qui absorbent la quatrième mèche, se font de la même façon. J'observerai que dans cette coiffure il est de rigueur que la raie soit bien au milieu et que les cheveux soient lissés à la brosse bandeauline, remplie d'infusion de coin ou de gélatine grénée.

N. 3.—Coiffure, par le même.

Dans cette coiffure de jeunes filles au visage long, les cheveux sont noués sur le bas de la fossette, un rouleau (voir le modèle N. 4) est rapporté près de la lignature pour être couvert avec tous les cheveux et, ensuite posé en forme de coquillage sur l'occiput. L'épingle à l'Italienne piquée dans ce chou étant brisée à l'un des bouts, on la passe d'abord au travers de la chevelure et l'on y visse la tête après. Pour le devant, il faut se réserver une petite mèche des cheveux de derrière, afin d'en entourer la tête, seul moyen de consolider les bandeaux flottants, à moins qu'on ne se ménage un peu de cheveux qui, partant du milieu du front croisent sur la masse pour s'enlacer avec les bouts des bandeaux à partir des oreilles, ce qui forme alors un bandeau croisé.

N. 4.—Buste mécanique de M. **AUGUSTE PONTANIER**, rue de Lancry, n. 10.

Comment mon buste tourne-t-il? je vous le donne en cent, en mille, et si si vous le devinez, je fais plus, je vous envoie le Cent-Un *gratis* pendant toute une année (1), oui, vous qui avez vu les premières têtes de plâtre qui furent exposés dans la montre du fameux Lacroix, qui demeurait rue St-Honoré, au coin de celle de Grenelle, qui n'avez pas été sans vous exercer sur quelques bustes de carton de la fabrique de Hallé, qui avez vu, touché, possédé même des bustes en cire de Morel, de Georges D'alix. D'alix, celui qui des premiers nous les offrit avec des cheveux implantés et ajustés sur des tournes-broches, vous, en un mot, qui connaissez l'histoire des manequins, depuis les plus maussades, les plus massifs, jusqu'à ceux en pied qui décorent si bien les façades de nos magasins, vous recevrez l'ouvrage pendant un an, pour rien, si vous devinez la machine du buste, que je représente ici posé sur la baguette horizontale qui le tient en l'air dans la vitrine, où il tourne dix heures sans discontinuer.

PONTONIER AUGUSTE.

N. 5.—Coiffure par M. **PINON**, rue Boucherat, 4.

Je ne sais à quoi cela tenait, mais nos devanciers (depuis la poudre) n'ont jamais voulu allier les plumes avec les fleurs, il semblait au dire des Nestor de la coiffure que la rose ne pouvait cadrer avec la plume d'Autruche ni avec le marabout. Et quoi! la rose, cette fleur si belle, si gracieuse et surtout si variée,

---

(1) La mécanique est tellement ingénieuse, que si quelques souscripteurs devinent comment ce buste se meut, par quel moteur et par quel endroit la machine se monte toutes les 18 heures, à conditions d'affranchir les lettres, qui devront être adressées d'ici au 15 juin, l'ouvrage leur sera adressé gratuitement ainsi qu'il est dit ci-dessus.

elle serait déplacée à côté de cette bête d'Autruche, de ce fier oiseau! Nous allons voir cela, me dis-je un jour que les belles dames du marais étant allées au sermon laissaient un libre cours à ma verve créatrice, et me voilà un oiseau d'une main et une branche de roses de haie de l'autre, posant et déposant.... eh !... tiens ; mais cela n'irait pas mal comme ça...... non, ça serait mieux de cette mannière, oh ! non de celle-ci... ah ! l'heureuse idée, voici un effet heureux, prodigieux, gracieux! gracieux! oui, c'est le mot, oui, c'est du gracieux, et de la première nuance... je m'en vais le porter au *Cent-Un*.

Oui **MM.** mes collègues on peut allier la plume à la fleur ; tout est dans le discernement du coiffeur, comme on peut aussi faire des cordes superbes avec des petits rouleaux couverts de cheveux, et imiter avec de petits cheveux un huit, en le formant de deux anneaux. Le fouilli produit par les bouts desdits rouleaux, est caché par la coque lisse, qui coupe si agréablement le nœud de la torsade et lui donne une apparence de solidité.

N. 6.---Coiffure par **HOLLANDERS**.

Dans cette chinoise, il faut remarquer les trois épingles qui s'élèvent sur le devant de la tête, elles conservent à la coiffure son caractère que l'éloignement du chou pourrait altérer. Dans ce chou formé de trois rouleaux contariés, la flèche tient au moyen d'une fourche piquée dans le cordon. Quant aux petites épingles, elles sont plantées partie dans la ligature et partie au travers des rouleaux: il faut être jeune pour supporter le devant de cette coiffure, cependant une femme de vingt-cinq à trente ans s'en accommoderait, si au lieu du crochet séducteur on faisait des touffes de boucles ou de tiresbouchons crépés.

N. 7.—Coiffure-bonnet ; par **OLIVIER**, rue du Faubourg Saint-Honoré, n. 125.

Si nous avons eu un tort, c'est d'avoir laissé passer le chiffon dans les mains des modistes, le bon et vieux Guillaume le dit souvent et il a raison, car *c'est le plus beau fleuron de notre couronne.....* le chiffon ! il comprend tant de choses : turbans, toques, bonnets, pose de voiles, bouillonnages et mille petites variantes que les modistes saississent merveilleusement.

C'est égal, comme les étoffes ajustées sur la nature-même offrent plus de légèreté, nous pouvons, si nous voulons ratrapper le sceptre et revoir encore les beaux jours du chiffon... je vais attaquer, suivez-moi et regardez comment je pose une petite écharpe de *blonde* ou de *point* ; le chou, c'est un enlacement de tresses qu'on fait *ad libitum*, cela n'y fait rien, l'important est de dégager l'œuf de la tête pour que les perles enfilées sur du fil de fer puissent se placer commodément, après cela, on fixe sur chaque tempe une légère branche de fleurs, parce que l'écharpe qui vient en bouillonnant, du derrière, s'accroche ça et là et se trouve soutenue tout aussi bien qu'avec les fils de fer des modistes.

Cette coiffure qui s'adresse à une femme grande et forte, peut être réduite aux proportions d'une stature moyenne, elle serait même extrêmement légère, si au lieu d'être faite avec une écharpe, c'était des barbes qui la composassent.

[illegible]

Les Cent-un Coiffeurs. (Ouvrage Spécial.)

On souscrit, à la Direction, rue de l'Odéon, 33.

1 - Coiffure par Perrin, agrégé à l'Académie de Coiffure; Boul.d Italien, 24 — 2 et 3 - par Croisat.
4 et 5 - par Frédéric de Pontenrogent, élève à Paris — 6 - par Michel, Coiffeur de Dames, à Marseilles.
7 - Coupe de cheveux en demi-Couronne par Tiffen, Coiffeur français, à Valence.

DESCRIPTION DES COIFFURES.

32ᵉ LIVRAISON.

N. 1. — Coiffure par M. **PERRIN**, agrégé à l'Académie de Coiffure.

Si l'on veut exécuter ma coiffure, il faut premièrement nouer les cheveux assez bas et faire les tresses de devant, toutefois après avoir lissé les bandeaux avec de la bandeauline jusqu'aux tempes et entouré la tête d'un fichu, plié en cravate, pour que la chevelure tienne bien sans avoir besoin de fatiguer la dame pour aider. Les tresses étant fixées, on les retrousse en arrière et puis on attache, près du lien, un rouleau de vingt pouces pour en former les trois anneaux en commençant par celui de gauche. Celui qui domine se fait en second ; et avec le bout du rouleau on fait celui qui orne le côté droit. Le balancier qui traverse le chou est une épingle à deux têtes, dont une se visse lorsque la tige a traversé les cheveux. Pour frisures on emploie des *chutes artificielles*, cela frise plus longtemps ; quant au diadème, il se pose juste à la naissance des cheveux, à moins que la femme ait le front bas, cas où cet ornement doit être placé plus haut.

N. 2 et 3. — Coiffure à rouleaux flottants ; par M. **CROISAT**.

Pour faire mon chou, rien n'est plus facile : on prend un rouleau de la forme du modèle Nᵒ 5, 31ᵐᵉ livraison, mais beaucoup plus long en proportion. On le pose à cheval sur le cordon, après cela on fend la chevelure par le milieu pour la diriger : la partie de droite au rouleau de gauche sur lequel elle est employée, et celle de gauche à droite. Les bouts du rouleau qui décrivent des courbes sur le bas de la fossette, sont remontés près du cordon où deux épingles les tiennent fixés. Quant au devant, il se forme de deux rouleaux de chaque côté, longs et minces, qu'on couvre, l'un avec les cheveux de devant lesquels partant de très loin, sont presque toujours assez longs pour le couvrir ; ce rouleau va se perdre par derrière près du cordon, point de départ du deuxième, ce rouleau couvert avec un peu de cheveux qu'on doit s'être ménagé, est ramené en avant pour être fixé sur la tempe derrière le premier.

Dans ce devant qui joint à une élégance parfaite l'attrait de la nouveauté, j'ajouterai aussi de la difficulté, les grappes de groseilles qui ornent les côtés, servent à cacher les points d'attaches des bouts des rouleaux.

Je crois devoir observer que les rouleaux de devant qu'on croit voir traverser par dessus la tête, ne commencent à être couverts de cheveux qu'à un ou deux pouces de la raie, et que pour l'introduction de cette pièce il faut que la femme aide, si l'on veut que les bandeaux descendent bas sur les tempes, quoiqu'on obtienne cela facilement, vu que les rouleaux tirent de haut en bas. Ce devant étant raccourci fait divinement sous un chapeau.

N. 4 et 5. — Coiffures par M. **FRÉDÉRIC DE PONTENROGENT**,
élève à Paris.

Nouez d'abord les cheveux ; avec les trois quarts de la masse formez en une tresse *circassienne*, que vous établirez sur le bas de la fossette, en serpentant derrière et autour de la coque lisse. Vous poserez ensuite le bijoux, lequel monté sur une épingle double, n'a besoin que d'être planté dans la ligature ; après cela vous faites vos touffes, que vous descendez jusqu'au bas des tempes et vous posez votre ferronière, la chaîne allant aboutir au-dessus du chou ; puis vous prenez votre plume, vous la courbez à la main, en la serrant par saccades entre le pouce et les deux premiers doigts de la main droite, et vous la posez aussi bas que possible, sans cependant qu'elle flotte sur le cou, afin d'obtenir une coiffure large et plate ; chose à la mode en ce moment.

N. 6. — Coiffure par M. **MICHEL DE MARSEILLE**

Pour faire cette coiffure il faut avoir des cheveux de trois quarts, vrais ou faux. Exécution : on divise les cheveux en quatre parties, et avec celle de gauche on en convre un rouleau de huit pouces de longueur, auquel on fait former une courbe enlevée, se dirigeant à droite ; avec la mèche d'à-côté on en forme une coque droite, qui rabattant en arrière, va se fixer au bas du cordon. La troisième mèche est employée à faire les deux coques entrelacées qui penchent à gauche, comme pour faire disparaître la sévérité du bourrelet. La quatrième mèche, la plus petite, sert à ramasser et à rentrer toutes les pointes de cheveux. Le grand bourrelet coupé avec du chef d'or, étant préparé à l'avance, on n'a qu'à le poser sur des bandeaux plats un peu cintrés.

N. 7. — Coiffure par M. **TIFFON**, coiffeur français à Valence.

Ceci est une *demi-couronne*, c'est-à-dire que les boucles ne font pas entièrement le tour de la tête, et que par derrière ce n'est qu'une queue de canard qui accompagne les faces qu'on boucle, seulement au-dessous du chapeau, aujourd'hui il est de rigueur de lisser comme une glace le haut du chef. Cette coupe de saison, adoptée par les fashionnables de Paris, trouvera-t-elle des approbateurs en Espagne ? nous le pensons.

UN AGRÉGÉ

A L'ACADÉMIE DE COIFFURE.

Agrégé à l'Académie de coiffure, cela veut dire : coiffeur jeune, capable et ami du progrès. Nous disons *jeune*, parce qu'il n'y a que les élèves qui soient admis à concourir pour ce grade ; *capable*, parce qu'il faut être un habile exécutant pour remplir les conditions des statuts ; et *ami du progrès*, parce que l'Académie loin de s'occuper spécialement de choses qui pourrait être avantageuses à ses membres en particulier, n'agite jamais que des questions qui sont dans l'intérêt de la masse.

L'Académie compte déjà un grand nombre de ces jeunes artistes qui, se nourrissant des doctrines des membres titulaires, illustreront un jour l'état de coiffeur.

Parmi ces enthousiastes de coiffure, il faut citer **M.** Perrin, il faut le citer non seulement parce qu'il nous offre une superbe coiffure grecque, sous le N° 1 de cette livraison, et qu'il a doté cet ouvrage de plusieurs compositions charmantes, mais aussi, parce qu'il est le véritable type du coiffeur aux bonnes fortunes, le Léonard de la classe moyenne. En 1829, il avait 15 ans, commis chez un marchand de vins fins, qui demeurait rue Neuve des Petits-Champs, tout près du coiffeur Blanche, **M.** Perrin paraissait avoir un goût décidé pour le beau sexe, il n'y avait pas une petite bonne qui allât lui demander du Madère ou de l'anisette, ni de belles dames qui allassent se faire coiffer chez **M.** Blanche, sans que son jeune cœur ne battît tout le reste de la journée. Un jour, une jeune femme assez coquettement vêtue, étant allée se faire coiffer, **M.** Perrin apercevant sa taille svelte, accourut bien vite, pour savoir si elle avait un joli minois. A peine arrivé, il aperçoit la dame et il est épris de sa beauté ; trop ému pour pouvoir articuler quelques mots aimables, il fait de vains efforts, cependant il trouve le moyen de dire cette phrase : Ah! que j'aimerais donc l'état de coiffeur. La dame, pendant que **M.** Blanche lui tressait sa chevelure, touchée de compassion des soupirs que poussait le jeune commis, crut devoir lui adresser des paroles engageantes; celui-ci plein d'amour-propre, ou bien se laissant abuser comme presque tous les novices, se croit aimé et aussitôt sans faire semblant de rien, il fait savoir à la dame qu'il demeure en face.... Le lendemain, pendant que **M.** Perrin rêvait à la jolie petite dame de la veille, une femme entre chez lui en demandant des liqueurs fines. Quelle est cette nymphe légère qui effleure à peine le carreau du magasin? Ciel! s'écrie tout bas le bienheureux commis, mais c'est ma passion, ma vie !.... Cependant il cherche à cacher son trouble, en débitant des lieux communs : Comment madame se porte-t-elle depuis hier, puis il offre une chaise et en allant la chercher, il renverse une bouteille de kirsch. La dame prenant pitié de l'embarras où se il trouvait, lui dit, après avoir fait son choix de marchandises, de lui apporter le panier sur les huit heures du soir..... Bravo! s'écria **M.** Perrin, lorsque la dame fut sortie, à cette heure là, le magasin étant fermé, je pourrai prolonger un peu la conversation avec la pratique, et si j'en ai le courage.... Eh bien! je lui déclarerai mon amour ... Oh! oui, cette fois j'oserai me déclarer.... qu'elle est jolie.

Huit heures sonnent, les volets sont apportés, les barres et les boulons de la boutique ne tardent pas à être mis en place, et le panier porté jusqu'à l'escalier de la dame par un commissionnaire, fut aussitôt introduit par Perrin dans l'appartement.... Quel accueil le bienheureux marchand de vin ne reçoit-il pas de la dame! avec quelle grâce on lui dit qu'il faut goûter le curaçao, l'anisette et le ratifia, on va même jusqu'à lui offrir un siège, en lui disant qu'il doit être bien fatigué.... Monsieur, vous disiez hier que vous vouliez vous faire coiffeur. — Oui, madame, coiffeur des dames. — Ah! continue la dame, avec malice, monsieur n'aimerait pas coiffer les hommes ? —Ah! madame, répond **M.** Perrin, il faudrait ne jamais vous avoir vue..... Les choses en était là, il allait, mais on frappe à la porte...C'est singulier, dit la dame, j'ai envoyé tous mes domestiques au spectacle, et mon mari a un accouchement... ouvre donc.—**Dieu!** c'est le docteur!—**Faut-il ouvrir, madame,** dit **M. Perrin.** — Non, monsieur, dans un tel désordre, cela ne se peut, il faut vous cacher ou sauter par la croisée. — Et quoi! madame, sauter d'un troi- sième, j'aime mieux me cacher, où? sous le lit. — Eh bien! dépêchez-vous? Perrin se cache sous la couchette, emportant son chapeau qu'il écrase, parce qu'il n'y avait pas assez de hauteur. Le mari, car c'était lui, entre dire bonsoir à sa femme, et il part aussitôt. Perrin, à moitié mort, pousse un soupir et le suit; car dans l'état où il se trouvait, il ne lui aurait jamais été possible de reprendre le tête à tête, tout rempli qu'il s'offrait d'abord de grâces et de vo- lupté.... Ah! pauvre Perrin, à quoi t'exposais-tu en rompant une partie de peur d'un mari? une femme, vois-tu, ne pardonne jamais un affront. Le lendemain une lettre est adressée à l'amoureux; c'est un rendez-vous qu'on lui donne : à neuf heures, sous ma fenêtre; si je ne sors pas, je vous jetterai quelque chose par la croisée. —**M. Perrin,** un peu remis de sa frayeur de la veille, part de chez lui en se disant : Oh! c'est décidé, je me fais coiffeur, c'est l'état le plus adorable que je connaisse, et c'est ainsi disposé qu'il arrive au rendez-vous, et qu'il se pose gracieusement sous la fenêtre de la beauté.

Si je me promenais de long en large, se disait-il, je ne serais pas exposé à être remarqué, à être pris pour un chevalier d'industrie; d'un autre côté si l'on me jette quelque chose, il faut que je sois là pour le recevoir. Il se place donc sous la fenêtre : il n'y avait pas dix minutes qu'il était là, que le craquement d'une croisée se fait entendre, **M. Perrin** transporté par ce bruit lève la tête, quelque chose est lancé: Ah! s'écrie fortement l'amoureux. Qu'est- ce que c'est, disent les personnes qui passent.... Je suis mort, dit le malen- contreux Perrin.—Mais non, répond une portière voisine, ce n'est rien, ce n'est qu'un pot de ..... qu'on vous a jetté sur la tête.—Et mon nez, ne le voyez- vous pas?....—Quelle horrible vengeance, disait-il tout bas, en s'essuyant.... C'est égal, je ne m'en ferai pas moins coiffeur. Il entra donc chez **M. Laforge,** de la rue Tiquetonne, alors galerie Nemours; cette maison n'ayant pas tenu, il entra en apprentissage chez **M. Hamelin,** passage du Saumon, là il pinçait de la guitarre toute la journée, et cela lui laissait le loisir de lever la tête pour lancer des œillades aux dames abonnées qui allaient se faire coiffer tous les matins. Il se plaisait assez dans cette boutique; cependant il en sortit au bout de trois mois pour cause de maladie. **M. Fournier** le plaça donc pour sa santé à *Cliohi-la-Garenne,* chez un nommé Chatel, frère du prêtre français de ce nom; là il ne se plaît pas : point de femmes à coiffer, et il faut tuer le temps à la pêche à la ligne; ensuite il y avait trois jours qu'il couchait sur une table, en attendant un matelat qu'on devait chaque jour acheter à Paris : fatigué du lit-de-camp qu'on lui offre à la campagne, il regrette les lits de sangle et les coussins d'amour de Paris; un soir sans prendre conseil de personne, il brûle la politesse à son maître pour aller s'engager de nouveau chez Hamelin. Il avait alors seize ans et demi; le jeune homme grandissait tous les jours, aussi le surprenait-on souvent à courtiser les modistes du passage, dont, dit-on, il de- vint le favori; on dit aussi qu'un jour sous prétexte de faire les bandeaux à la demoiselle du logis, il aurait voulu lui lancer des regards assasins; rappelé à l'ordre par la mère qui ne plaisantait pas, force lui fut de s'en tenir à l'ex- térieur. Un jour donc, oh! alors il avait dix-huit ans, je ne sais ce qui lui avait passé par la tête, il forma le projet d'effrayer les Sylphides d'une bouti- que fort renommée pour le bon goût et la vertu. Que fait-il? après avoir fermé sa boutique et pendant que ses patrons se couchaient, il prend le pied

Les Cent un Coiffeurs (Ouvrage spécial)

On souscrit à la Direction, rue de l'Odéon, 33.

1-Toilette de Dîner — 2-Toilette de Bal champêtre — 3-Toilette de Ville.

à perruque, qu'il couvre d'un drap de lit; il le lève de manière à représenter un grand fantôme, et il se présente ainsi affublé devant les demoiselles qui, effrayées, poussent des cris horribles, ce qui fait que le garde du passage accourt et laboure à grands coups de canne le dos du revenant, qui alors s'enfuit dans sa boutique, à toutes jambes, comme si le diable l'emportait.

Cette correction, dit-on, produisit un certain effet sur son esprit et le rendit plus grave, aussi, dès-lors il s'en tint aux beaux yeux d'une déesse que son regard mélancolique avait su toucher.... Que dis-je? il se mit à travailler comme un homme, aussi en moins de dix mois il se présenta à l'Académie de coiffure, où il fut admis en qualité d'agrégé; ce fut donc muni de son diplôme d'agrégé qu'il partit pour aller travailler à Rouen, ville où par penchant ou bien par habitude, il fit plusieurs exploits amoureux. Je ne sais si les Rouennais sont aussi peu commodes que le garde du passage; mais, un jour que Perrin père avait reçu de lui une lettre par laquelle il lui annonçait que Rouen avait autant de charmes que la capitale, il le vit arriver aussitôt que la lettre, clopin, clopant, tout comme si on l'avait chassé de l'endroit à coups de bâton. De retour, il travaille dans deux boutiques pour se former encore un peu sur la postiche. Une année s'écoule en études de coiffures et de promenades nocturnes dans le fameux passage, et après cela, il s'établit en appartement sur le boulevard Italien, où il commence avec les débris de la clientelle de M. Flaeau, clientelle qui s'agrandit tous les jours et promet de s'étendre dans tous les quartiers de Paris.

<hr>

DESCRIPTION DES COSTUMES.

Conséquens dans leur entreprise, les Cent-Un annoncèrent dans leur première livraison qu'ils traiteraient de la coiffure et du costume, afin de parvenir plus facilement à poser les principes d'harmonie qui doivent présider, soit à la confection des robes par rapport aux coiffures, des coiffures par rapport aux costumes, ainsi que des bonnets et des chapeaux. La connaissance des vêtements bien assortis étant d'ailleurs une chose indispensable au coiffeur, ministre que les dames consultent de coutume, nous avons décidé qu'à l'avenir nous donnerons dans chaque livraison une planche de coiffures et une de modes : souvent les figures des deux planches seront coiffées par le coiffeur, comme, par exemple, lorsque nous donnerons des mariées ou des costumes de bal; de sorte qu'à chaque livraison il y aura des coiffures et des costumes. La direction a pris des mesures pour que de temps en temps il y ait aussi sur l'une des planches des chapeaux et des bonnets, et pour que les corsages des bustes soient ornés de mantilles nouvelles, de canezous distingués, de cols, de jolis fichus; enfin de modes qui ne seront pas sans intérêt pour nos souscripteurs de province, dont la majeure partie tiennent la nouveauté.

Au moyen de l'usage que nous adoptons aujourd'hui, le Cent-Un dispensera MM. les coiffeurs de s'abonner aux journaux de modes, feuilles qui coûtent fort cher, et qui paraissant à des intervalles trop rapprochées s'écartent souvent de la vérité, au point que les plus fidèles observateurs finissent par ne pas se reconnaître dans ce galimatias, composé la plupart du temps par de capricieux dessinateurs, et non par les bonnes couturières et les grandes modistes, sous les noms desquelles on les fait sortir. Aussi, combien de ces modes meurent-elles pas avant d'avoir vu le jour !... Pour nous, qui ne faisons point de ces calculs de journalistes, et dont la mission est de poser des principes dans la coiffure et le costume, afin d'éviter qu'on ne commette plus de ridicules écarts, nous ne publierons jamais que des modes adoptées par la bonne société, c'est-à-dire, des choses de durée, qui n'entraîneront jamais à de folles dépenses, comme le font toutes ces images frivoles qui paraissent chaque jour, et qui n'ont d'autre mérite que le joli coup de crayon de l'artiste et la fraîcheur du coloris.

La mode ne change pas tous les cinq ou six jours, ainsi que le prétendent certains journaux : cette déesse a plus de raison qu'on ne le pense. Sans doute, elle est inconstante par essence ; mais si elle ne donnait pas au monde le temps d'être appréciée, comment pourrait-elle prétendre nous faire subir sa loi?... le moyen pour qu'une mode soit adoptée, c'est qu'on puisse l'apercevoir, afin de la juger ; comment juger une chose qui passe sans s'arrêter ?

Les trois costumes que nous offrons ici sur les figures en pied et dont la diversité donne une idée précise des toilettes *simples, demi-toilettes* et des *grandes toilettes* de la saison, représentent tout-à-fait la mise des femmes du monde. Le N° 1 dont le corsage froncé est taillé en cœur, à des manches qui offrent par les épaules le dégagement des celles *plates*, les bras sont enveloppés dans un ample morceau d'étoffe qui, au besoin, peut cacher un bras maigre et fait toujours valoir la taille d'une femme. Le bonnet, demi-paysanne, est posé sur une coiffure à deux cercles, afin de pouvoir se mettre nu-tête à volonté. Décidement ce peigne remplace celui à sabot.

N° 2. La jupe à volans surmontée d'un corsage en velours, orné de tresses a quelque chose du caractère espagnol, genre qu'on paraît disposé à adopter pour la promenade des Tuileries, et nous pouvons assurer que nous en avons aperçu plusieurs sur des femmes qui avaient pour coiffure des chapeaux de crêpe blanc ou de tul illussion ornés de fleurs. Ces chapeaux un peu courts de la passe vers le haut, descendaient en général très bas sur les joues qu'ils encadraient en avançant beaucoup. La figure dont il s'agit, coiffée d'un long biais de satin, plissé, posé dans le genre des rouleaux à la renaissance, a par derrière un fichu de tul brodé, bouillonnant sur un chou de torsades mises à plat sur le bas de l'occiput.

Cette coiffure établie d'abord par une modiste fut bientôt imitée par des coiffeurs; car elle est d'une facile exécution. Cette figure tient à la main une ombrelle en plumes comme on en voit à l'exposition de l'industrie, et qui sont d'une excessive légèreté, l'invention en est due à M. Duboulay, rue St-Denis, 276.

N° 3. Ce costume de ville est composé d'une redingote en soie unie, ayant le corsage à cœur, d'un fichu-pélerine se croisant dans le bas, d'une capote en crêpe froncée, et dont la calotte est ornée d'un biais coudé et d'une branche de fleurs des champs.

⸺⬦⬦⬦⸺

CONSIDÉRATIONS SUR LA COUPE DES CHEVEUX DES HOMMES.

Je ne sais si c'était pour ne pas déroger aux vielles habitudes de la corporation, qui veut qu'on voyage et qu'on change souvent de boutiques; mais avant de me fixer dans ma rue des Champs-Elysés, à Paris, je puis dire que j'en visitai passablement, de ces magasins de perruques, de ces salons à coupe et à coiffures, ainsi que de ces boutiques où *le pouce et la ceuillère* rapportent plus à la *bourgeoise* que les coiffures en plumes et en chiffon. Oui, j'en parcourus de ces pays, j'en visitai de ces maisons ! aussi combien n'en ai-je pas vue de ces maîtres?... Les uns, imbus des mauvaises habitudes qu'ils avaient contractées chez leurs maîtres d'apprentissage d'où ils n'étaient sortis que pour s'établir, écorchaient tout ce qu'ils façonnaient, moins les mentons des pratiques, parce que, fort heureusement, ce postiche là on le travaille assez bien partout : les autres, n'ayant jamais voulu dans leur tour de France travailler que chez les coiffeurs de femmes, estropiaient, assassinaient les coupes de cheveux; quelques uns seulement entendaient assez bien la coiffure et le postiche ; mais, chose incroyable, je n'en trouvai qu'un seul qui, à mon avis, raisonnait bien la coupe à la *Titus*, cette coupe modèle qui, à elle seule, renferme tous les principes qui se reproduisent dans les mille et une modes qu'on a vues se succèder depuis la *Brutus* et la *Caracalla*.

Ce coupeur habile ; c'était *Marchézéau d'Angers !*... Oh comme celui-là savait tirer un bon parti d'une chevelure et donner de l'élégance aux têtes des hommes !... mais rentrons dans mon sujet, je disais donc que j'ai vu et fait un peu de tout, et que j'ai passé par toutes les filières de l'état, surtout, s'entend en fait de coupes de cheveux, de coiffures d'hommes et de postiche; la coiffure des femmes, je n'en parle pas ; il y a parmi les Cent-Un des professeurs qui traitent parfaitement cette partie, et aujourd'hui je ne traiterai même que du coup de ciseau : ce sujet mérite bien qu'on lui consacre un feuillet du Cent-Un.

Oui le coup de ciseau est difficile : semblable au statuaire qui doit chercher toujours à coiffer ses personnages avec symétric, le coiffeur avant d'abattre une masse, doit s'être rendu compte de l'effet que cela devra produire sur l'individu, et comment en serait-il autrement? les cheveux croissent-ils avec assez de rapidité pour réparer sans qu'on s'en aperçoive les défauts de la coupe? Ce coup de fer qu'on donne aux cheveux pour les mettre en frisure, peut-il voiler plus d'un jour ces mêmes défauts ? non, car la frisure factice, à moins que le cheveu n'ait de la qualité, ne saurait tenir que de cinq à six heures au plus ; passé ce temps, la coupe paraît ce qu'elle est, bonne ou mauvaise, c'est-à-dire que la tête de l'individu reste élégante et gracieuse ou bien elle devient grêle, commune, mal faite et donne à tout le reste du personnage un air tout-à-fait déshabillé : il y a pourtant des coiffeurs qui attirent la foule chez eux sans que jamais ils se soient donnés la peine de calculer les effets de leur travail.

Comment le public est-il donc fait?... Dernièrement un homme entre chez moi; il demande le maître de l'établissement, je me présente. Que veut monsieur, lui dis-je.—Je voudrais avoir les cheveux taillés, me dit-il, mais je voudrais que ce fût vous-même qui me les coupiez parce que, ajouta-t-il en defaisant sa cravate, j'ai l'habitude de me faire coiffer dans le grand quartier, place de la Bourse.—Oh mon Dieu, monsieur, lui dis-je, vos cheveux n'en sont pas mieux coupés pour cela; j'en vois par derrière qui sont coupés ras, et puis tout-à-coup, décrivant une ligne de démarcation à l'oreille, d'autres donnant une touffe longue et carrée ce qui rend la coiffure des Russes que je ne saurais approuver.—Comment, monsieur, vous critiquez ma coiffure, l'ouvrage d'une des maisons les plus connues de Paris; et bien sachez que je ne veux rien y changer, je n'ai pas envie d'essayer de vos inventions.—Monsieur voudrait-il me donner l'adresse de ce grand maître? — Oui, monsieur, place de la Bourse, tel Nº. — Monsieur, je vous remercie, dans une heure je serai chez lui, avec cela j'ai besoin de me faire couper les cheveux. — Bonjour Lemonnier, me dit le pâtissier mon voisin, que je rencontrai dans la rue Vivienne, où allez-vous donc comme ça? — Je vais me faire couper les cheveux. — Toujours farceur donc. — Pas du tout, je ne plaisante pas : je vais me faire couper les cheveux place de la Bourse, moi pauvre coiffeur du faubourg Saint-Honoré, parce qu'on dit qu'il n'y a que dans ce quartier qu'on travaille bien : — Bah! je voudrais voir ça. — Voulez-vous y venir; vous verrez. — C'est ça, nous allons voir!... me voilà donc parti pour me faire couper les cheveux. J'arrive, que vois-je: sur quatre garçons occupés à faucher dans des touffes d'hommes, deux massacres, les deux plus fameuses mâchoires que j'aie jamais essayées chez moi; mais c'est égal, ils en abattaient beaucoup, cela faisait monter la recette, donc c'était très bien. Me retournant vers le patron, je lui dis que je désirais que ce fût lui qui me couppât les cheveux, et comme il terminait une frisure, il me prit. — Zing, zing, zing, zing, zing, voilà mes cheveux coupés; combien, monsieur: — Ce qu'il vous plaira, monsieur. — Je pose un franc sur la toilette et je pars suivi de mon voisin. Arrivé dans la rue, j'ôte mon chapeau et je me retourne vers le pâtissier pour lui demander comment il me trouvait arrangé de la sorte. — Ha, ha, ha, ha, s'écria-t-il, vous avez l'air de la plus grande galette que j'aie jamais vue. — En effet, arrivé chez-moi je voulus me regarder; qu'est-ce que je vis? des faces qu'on avait simplement rabattues pour les couper carrément par en bas, une touffe qui n'était point étagée, une coupe qui n'était ni faite ni à faire, enfin un travail qui n'est point raisonné!...

Comme il est dangereux pour les jeunes gens de travailler sans de semblables moulins à coupes, je m'en vais poser ici la règle à suivre dans la coupe des cheveux!...D'abord il faut bien peigner les cheveux et les mettre en place tout comme si le client demandait à être coiffé, c'est le moyen pour saisir le genre qui lui convient le mieux, c'est-à-dire qu'alors, on sait si les cheveux doivent être coupés courts ou conservés longs, si le front doit être échancré ou garni, si la touffe doit être droite ou rabattue et si les oreilles ont besoin d'être entourées de masses ou bien s'il est nécessaire de les dégager ; enfin en massant la coiffure à l'avance on s'évite les regrets qu'on a quelquefois lorsque les cheveux ont été abattus sur le peignoir. Quelle que soit la coupe à peu d'exceptions près, il faut diviser la chevelure par masses longues tirées avec la grosse dent du peigne, en partant de l'épi, pour les couper plus ou moins longues selon la place qu'elles doivent occuper sur la tête, et après avoir coupé la chevelure dans ce sens il faut la prendre en sens inverse pour la rectifier et l'effiler par les pointes, plus ou moins, selon son épaisseur et sa qualité. Je recommande surtout, de faire en sorte que les deux côtés soient semblables afin que le client puisse jeter ses cheveux à droite comme à gauche indistinctement et que le passage des cheveux courts aux longs, soit toujours ménagé par une longeur moyenne qui les fonde insensiblement. Je recommande surtout, pour la coiffure dite *Jeune-France*, celle dont les mèches du sommet se couchent à plat pour aller former une touffe de côté, de couper les cheveux du bord du front au tiers ou à la moitié de la longueur de ceux de la touffe, et de les effiler afin qu'ils ne puissent pas retomber sur la figure, ainsi que cela arrive lorsqu'on leur donne assez de longueur pour aller former masse sur le côté; ce qui est on ne peut plus incommode et du plus mauvais ton.

LEMONNIER.

Les Cent-un Coiffeurs
On souscrit à la Direction
rue de l'Odéon, 33, à Paris
1-2-3 et 4-Coiffures du genre sévère par Croisat. Professeur.
5-par Sébié élève — 6 par Dejean, premier ouvrier chez M. Legros.

DESCRIPTION DES COIFFURES [1].

33ᵉ LIVRAISON.

N. 1.— Turban persan sans épingles ; par M. **CROISAT**.

Ce turban se fait avec un carré de mousseline de l'Inde, de cinq quarts : On enveloppe d'abord la tête et l'on réunit l'étoffe derrière l'oreille gauche ; on plisse une masse de dix-pouces environ et on la ramène en avant sans tordre ; arrivé à la tempe gauche, on fait poser une main sur l'étoffe afin de pouvoir continuer le plissé qui va croiser sur la première masse par derrière et vient la soulever en passant par dessous, le bout de l'étoffe est rabattu sur la tempe gauche où il se perd sous le premier tour.

N. 2. — Coiffure à la grecque, composée de cinq coques ; par le même.

Les cheveux noués assez bas par derrière, sont divisés en trois parties ; celle du milieu est rabattue sur le creux de la fossette, et les deux autres sont couchées de chaque côté du cordon ; la mèche de la fossette se retrousse et se roule de manière à ne former qu'une seule coque au milieu de la tête : avec les deux autres on fait deux coques graduées de chaque côté, de manière à former le *fer-à-cheval*. Cela fait, on frise les boucles, partie jettant en avant et partie en arrière, et le bandeau d'*impératrice* s'assujétit à l'aide de deux bouts de tissus d'or qui, flottant en dessous des coques donnent à la coiffure le cachet qu'on remarque dans les coiffures célèbres de l'antiquité.

[1] L'administration du CENT- UN s'étant aperçue que MM. les Souscripteurs étaient flattés de trouver de temps en temps dans les livraisons de l'ouvrage des Nouvelles et des pièces de vers ; ayant aussi reçu plusieurs réclamations pour que cette publication artitistique devienne un peu plus littéraire afin de pouvoir en offrir la lecture aux clients, elle a adopté définitivement l'usage d'une planche de modes par livraison ; soumettant désormais l'ouvrage au timbre elle profitera de cette circonstance pour paraître à jour fixe et pour insérer à la suite des quatre ou cinq pages de texte consacrées entièrement à l'art de la coiffure, des revues de modes, des articles littéraires, ainsi que des poésies légères de nos meilleurs auteurs. Malgré les frais où ce nouveau mode de publication entraîne, le prix ne sera pas changé, seulement, les conditions d'abonnement seront à l'avenir plus sévères, c'est-à-dire que tout abonnement devra être payé à l'avance, que tous envois de lettres et d'argent devront être affranchis, et qu'après avoir été averti, par une enveloppe rouge, de l'expiration de son abonnement, tout abonné qui ne renouvellerait pas dans le courant du mois suivant cesserait de recevoir les livraisons.

N. 3. — Coiffure par le même.

Le turban coudé, à l'instar des coiffures de la Renaissance, s'exécute tout uniment ; après avoir préparé ses cheveux on couvre le chou de son étoffe, puis on dispose une longue masse qu'on entoure d'un chef d'or, et lorsque toute l'étoffe est employée, on pose son bourrelet, ayant le soin de le faire tenir de chaque côté par la dame, parce que ce n'est qu'après avoir obtenu l'ensemble voulu qu'on pique les épingles et qu'on y met la dernière main.

N. 4. — Coiffure par le même.

Dans cette coiffure il faut avoir, du moins pour le devant, des cheveux de vingt-sept à vingt pouces, s'il y a disette on y supplée par des mèches qu'on ajoute à l'aide d'un crochet ou bien en passant une mèche dans un œillet pratiqué au milieu de la monture. Quant au chou, il se compose de trois mèches, avec l'une on forme une coque en natte, et avec les deux autres lisses se dirigent de chaque côté sans toucher à la tête.

J'observerai que pour obtenir un effet bien caractéristique, il faut que la tresse, en passant sur l'oreille, se trouve juste à l'alignement du chou.

N. 5. — Coiffure par M. **SIBIÉ**.

Trois bouts de rouleaux en laine, couverts de cheveux, un rang de perles qui semble attacher lesdits rouleaux contre la tête et puis, une branche de fleurs accompagnant la touffe gauche : voilà ce qui compose ma coiffure que je recommande aux jeunes femmes ayant les cheveux bien plantés sur le front et le col un peu long.

N. 6. — Coiffure par M. **FALDONY DEJEAN**, premier garçon de M. Legros, rue Saint-André-des-Arts, n. 65.

Manière d'exécuter ma coiffure : on relève les cheveux un peu bas, on les attache avec une mèche de cheveux, afin de se donner plus de facilité pour piquer les épingles ; cela fait, vous les séparez en six parties : la première sert à faire le rouleau du milieu ; la seconde, celui de droite et la troisième celui de gauche ; ensuite, vous faites deux petites torsades que vous posez, une sur le rouleau de droite et une sur celui de gauche, puis vous fixez votre cache peigne à l'aide d'une épingle double. Il vous reste encore une mèche, celle-là sert à faire une natte circassienne en six, que vous élevez un quart de pouce environ au-dessus du rouleau du milieu, et vous posez la fleur, qui est une branche d'aubépine. Sur le devant, se sont les touffes à la Sévigné, parsemées de fleurs légères et assorties à la branche principale.

DE L'AIR DU VISAGE.

CINQUIÈME LEÇON DE L'ART DE COIFFER.

DEUXIÈME PARTIE.

Le caractère qui contraste le plus avec le *gracieux* est assurément le *sévère*, et voulant procéder par oppositions, afin que la leçon soit mieux sentie, c'est pourquoi j'ai traité de ce genre avant le *mixte*, genre qui, par sa nature, n'offre aucune nuance qui se dessine de manière à laisser une forte impression sur l'esprit du lecteur... Le caractère sévère s'offrant à l'imagination comme le beau idéal, a fait contracter aux artistes l'habitude de désigner comme sévères les têtes grecques, parce qu'elles sont, en général, bien proportionnées, c'est-à-dire qu'elles sont aussi régulières que la figure A décrite dans l'article: *Conformation de la tête* qu'on trouve dans la première Livraison de l'ouvrage. Cette figure, en effet, est du caractère sévère, car elle est régulière, et on est convenu, qu'en fait de visage, tout ce qui est régulier est sévère; mais il ne s'en suit pas de là qu'il n'y a que les têtes grecques qui puissent être classées dans cette cathégorie, car autrement nous ne saurions comment définir les figures *orientales*, celles *méridionales*, les Israélites et d'autres dont l'expression vigoureuse force l'artiste et même l'amateur à les appeler *Caractéristiques*, quoiqu'elles aient plus ou moins de finesse et de régularité.

D'après ces remarques et ces observations, il reste prouvé que le genre sévère compte deux nuances; savoir : *pureté* et *régularité*; *force* et *vigueur*, mais dans ce caractère célébré de tous temps par la plume et le peinceau, ne pourrions-nous pas trouver un autre genre de physionomie qui ne serait ni la *pureté* ni la *vigueur?* N'y a-t-il pas de par le monde, dans les femmes fières et acariâtres, des êtres aux traits sans caractère arrêté, mais dont la hautesse du cœur et l'arrogance de leur caractère personnel, nous obligent, nous, coiffeurs, à leur trouver des poses d'ornements caractéristiques et qui, au fait, ne sont bien coiffées qu'autant que ces poses ont en elles-mêmes quelque chose de fier, de grand ; quelque chose qui annonce la puissance?...Oui, ces physionomies existent partout, il n'y a pas à en douter, et un coiffeur tant soit peu répandu, n'a qu'à consulter ses souvenirs pour trouver de suite dans sa clientelle une troisième nuance que j'appellerai *fierté*.

Le caractère gracieux compte trois nuances : celle à *Effet*, celle *Coquette*, et celle *Gracieuse*. Le caractère *sévère* dont-il s'agit ici en comprend aussi trois autres, mais que je désignerai sous les dénominations de *Régulière, Caractéristique, fierté*. La première (régularité), signifie visage *ovale*, divisée absolument comme la figure E de la quatorzième livraison et ayant le nez droit comme dans les figures *antiques* (1).

(1) La figure 3, couronnée d'un diadème, a le profil grec.

Les figures *caractéristiques* sont celles auxquelles la nature a donné le cachet d'un pays, d'une secte ou qui par le développement de certains organes peignent l'atrocité, la mélancolie, etc. La nuance *fierté* comprend les airs nobles et impérieux.

Il ne suffit pas d'avoir établi en principe qu'il y a trois nuances dans les figures du genre sévère et d'avoir défini chaque nuance en particulier, il faut faire plus, il faut trouver des coiffures qui soient analogues à ces diverses physionomies, il faut savoir couronner avec symétrie l'une, bien saisir le cachet imprimé sur la face de l'autre, et s'identifier avec la troisième nuance, pour que les têtes, en sortant des mains, offrent cet ensemble flatteur qu'on appelle harmonie.

Aux têtes régulières il faut des coiffures où les masses se dessinant avec pureté, concourent toutes au même point de vue : dans les coiffures les plus simples, comme dans celles surchargées d'ornements, on peut obtenir les mêmes effets : une tresse de cheveux et un rang de perles peuvent décrire les mêmes lignes qu'une guirlande et un cercle d'or.

Les figures caractéristiques, celles-là comportent une plus grande variété dans les poses, mais elles appellent toujours les effets fortement dessinés : l'Italienne aux sourcils droits et au regard passioné veut avoir une raie de chair sur le milieu de la tête, les bandeaux droits, et la coiffure plate, traversée par des épingles ou des poignards. La Chinoise au visage rond, aux sourcils remontant des côtés, et à la bouche riante se frise court et léger, elle relève ses cheveux en racines droites et porte le chou haut et pointu. L'Anglaise, blanche et langoureuse, laisse flotter de longues boucles qui en tombant le long des joues s'allient parfaitement avec la triangulaire (1) qui leur fait généralement baisser la bouche des côtés et leur donne à toutes plus ou moins de gravité, de tristesse ou de froideur dans l'expression.

Quant aux personnes à figures peignant la noblesse ou la fierté, on parvient presque toujours à les coiffer avec avantage en élevant la coiffure sur le devant; mais si la mode veut que les ornements soient éloignés du visage, il faut les poser autant que possible vis-à-vis la ligne du nez. Cependant des barbes d'Angleterre et un voile flottant donnent un air de dignité aux coiffures de cour.

Afin d'éviter toute confusion dans le classement des nuances ainsi que dans la première partie de cette leçon, nous parcourrons avec le lecteur les livraisons de l'ouvrage pour y remarquer toutes les coiffures se rattachant au caractère que nous venons de décrire.

1re NUANCE, RÉGULARITÉ.

Le N° 1 de la 1re livraison par Michel. Paris.
Le N° 4 de la 1re liv.   par Croisat.   id.
Le N° 1 de la 3me liv.   par Olivier.   id.
Le N° 1 de la 4me liv.   par Simon., de Blois.
Le N° 6 de la 8me liv.   par Croisat.
Le N° 2 de la 12me liv.   par Seranne. Montpellier.
Le N° 4 de la 12me liv.   par Croisat.
Le N° 1 de la 14me liv.   par Nougaret de Lyon.
Le N° 3 de la 22me liv.   par Croisat.
Le N° 7 de la 22me liv.   par Ronsturg. La Haye.

(1) Muscle qui décrit une courbe de chaque côté du nez et encadre la bouche.

Le N° 1 de la 23ᵐᵉ liv.   par Croisat.
Le N° 1 de la 24ᵐᵉ liv.   par   id.
Le N° 3 de la 24ᵐᵉ liv.   par   id.
Les N° 1 et 2 de la 24ᵐᵉ liv.   par   id.
Les N° 1 et 2 de la 26ᵐᵉ liv.   par   id.
Le N° 6 de la 26ᵐᵉ liv,   par Garraigne de Rodez.
Le N° 1 de la 28ᵐᵉ liv.   par Croisat. Paris.
Le N° 3 de la 28ᵐᵉ liv.   par Trimté   id.
Le N° 4 de la 28ᵐᵉ liv.   par Fournier.   id.
Le N° 6 de la 28ᵐᵉ liv.   par Perrin.   id.
Le N° 2 de la 29ᵐᵉ liv.   par Denizot.   id.
Les N° 2 et 3 de la 31ᵐᵉ liv.   par Croisat.   id.
Le N° 1 de la 32ᵐᵉ liv.   par Perrin.   id.
Le N° 3 de la 32ᵐᵉ liv.   par Croisat.   id.
Le N° 3 de la 33ᵐᵉ liv.   par   id.
Le N° 3 de la 33ᵐᵉ liv.   par   id.

2ᵐᵉ NUANCE, CARACTÉRISTIQUE.

Le N° 5 de la 10ᵐᵉ Livraison.   par Croizat
Le N° 7 de la 12ᵐᵉ liv.   par   id.
Le N° 8 de la 12ᵐᵉ liv.   par Guillaume.
Le N° 3 de la 19ᵐᵉ liv.   par Croisat.
Le N° 7 de la 27ᵐᵉ liv.   par Gaudereau. Paris.
Le N° 1 de la 35ᵐᵉ liv.   par Croisat.
Le N° 4 de la 35ᵐᵉ liv.   par   id.

3ᵐᵉ NUANCE, FIERTÉ.

Le N° 6 de la 2ᵐᵉ Livraison   par Romand. Paris.
Le N° 3 de la 2ᵐᵉ liv.   par Ghyo.   id.
Le N° 2 de la 4ᵐᵉ liv.   par Casenave.
Le N° 1 de la 7ᵐᵉ liv.   par Pinçon. Paris.
Le N° 3 de la 7ᵐᵉ liv.   par Romeo. Tours.
Le N° 2 de la 8ᵐᵉ liv.   par Phyblyky. Varsovie.
Le N° 5 de la 8ᵐᵉ liv.   par Pinçon. Paris.
Le N° 6 de la 13ᵐᵉ liv.   par Fabre. Rodez.
Le N° 8 de la 22ᵐᵉ liv.   par Béjot. Dax.
Le N° 1 de la 23ᵐᵉ liv.   par Croisat.
Le N° 2 et 3 de la 26ᵐᵉ liv.   par Michel Adolphe, Paris.
Le N° 6 de la 32ᵐᵉ liv.   par Michel. Marseille.

M. ROULLEAU, COIFFEUR ET POÈTE A POITIERS.

Un des voyageurs de l'entreprise des Cent-Un s'étant arrêté dans la ville de Poitiers pour offrir l'ouvrage aux coiffeurs de cette ville y fit plusieurs placements. M. Roulleau, notamment souscrivit à la collection complète; ainsi que tout homme de bon sens il voulut tout connaître dans ce traité. Ce confrère qui depuis plus de huit années avait négligé la coiffure des femmes pour faire la cour aux muses et tailler des cheveux, se sentit à la lecture de quelques articles scientifiques sur la coiffure, transporté d'une sainte flamme pour cette partie de notre état, partie qu'il avait jadis pratiquée et qu'un jour dans sa verve chaleureuse, il chanta d'une manière vraiment digne d'un poète et d'un grand praticien. Alors, comme au jour où il lut pour la première fois la fameuse épitre que Jasmin, coiffeur d'Agen, adressa à Béranger, il ne put résister au besoin d'écrire et il prit la plume pour exprimer le bonheur qu'il éprouvait en voyant cette association d'artistes bien déterminés à rendre, par leurs efforts, le rang qui est dû à notre état... mais hélas! comme avant de tracer les premiers mots il voulut recueillir un moment ses idées, ses traits où d'abord s'était peinte la joie; ses yeux où l'on avait vu briller une étincelle de bonheur, tout, jusqu'à son attitude, tomba dans un abattement complet... Pourquoi ce changement subit dans tout ton être, Roulleau, est-ce que tu aurais à gémir sur les destinées de ta profession? Hélas! que me demandez-vous? s'écria-t-il, et il traça ces vers, où l'on voit qu'à Poitiers comme à Paris, la concurrence cause de grands malheurs.

> Loin des bosquets que le Permesse arrose,
> Là je naquis du plus parfait amour;
> A mon berceau léger bouton de rose,
> Nul ne pensait me voir éclore un jour.
>
> Très pâle fleur, à l'ombre et sans culture;
> Mais ressentant les doux feux du soleil,
> J'ouvris mon sein au roi de la nature
> Et bégayai des chants à mon réveil,
>
> . . . .
>
> Gai j'entrai dans la vie en faisant un beau rêve !!!
> Aux ébats de l'enfance accueilli, bien venu,
> Je croyais l'existence être un bonheur sans trève:
> Le sombre positif ne m'était pas connu.
>
> Si pour nourrir l'esprit le corps est à la diète,
> Parmi les beaux talents comment aller s'asseoir?
> On ne peut posséder qu'une muse inquiète,
> Quand le matin on songe à son repas du soir.
>
> L'illusion s'envole au bruit de l'inconstance
> D'un public fasciné par maint bas courtisan,
> Qui par de vils moyens appelés concurrence,
> Dispute le salaire au poète artisan.

REVUE DES MODES.

Paris est toujours la grande cité aux somptueux édifices, aux maisons dentelées, aux élégants et riches magasins; la fresque, que mille glaces répètent, l'or et le cristal, frappent toujours la vue des habitués de nos luxeux cafés; mais à l'époque de l'année où nous sommes, Paris, malgré cela, ou plutôt à cause de cela, est comme un palais inhabité, comme un jardin sans fleurs;

LES CENT UN.

On souscrit à la Direction, rue de l'Odéon, 33.

1- Robe de soie façon Palmyre — Chapeau en Crêpe façon Hocquel.
2- Costume d'enfant: Robe de Mousseline et Chapeau de paille cousue.
3- Capote en Mousseline ornée d'un biais en pareil — 4- Bonnet-fanchon — 5- Bonnet à la Paysanne coquette

Paris a perdu son charme le plus entraînant; Paris a vu partir cet essaim de jeunes femmes si belles, si vives, si gracieuses, qui l'animaient.

Pour saisir la mode sur le fait, il nous faut donc braver le dogue et le concierge, deux animaux également dangereux, et pénétrer au milieu de ces pittoresques villas où, rieuses et folles, nos élégantes s'abandonnent sans contrainte à leurs goûts enfantins; heureux si notre présence ne venait jamais gêner ce charmant laisser-aller, ce doux *far niente* qui double leurs grâces et nous rendrait fou si ce n'était déjà fait. Malheureusement il n'en est point ainsi : jeudi passé, en arrivant au milieu du parc de madame la comtesse de D***, nous vîmes toutes les femmes s'éloigner et entrer dans un pavillon où les châles avaient été déposés, et revenir bientôt revêtues de ces châles de mousseline, décorés de jours et de broderies au crochet, qu'on faisait venir de la Suisse il y a encore peu d'années, et que depuis, Tarare a parfaitement imités. Les châles méritent aujourd'hui toute notre attention; car pendant les chaleurs ce vêtement sert à cacher une toilette toujours un peu négligée. Nous en avons remarqué qui ont pour base une mousseline délicate et transparente, puis sur ce fond léger vient s'épanouir une broderie aux plus fantastiques rosaces, aux jours artistiques, aux multiples rivières, aux plus ingénieux plumetis. Pour cadres à ces châles si fragiles et si beaux, ondulant sur une soierie aux tendres et vifs reflets, une maline coquette et fraîche, ou une dentelle aux balsamiques festons, ou une angleterre aux nobilaires bouquets. Vient ensuite, mais comme haute fantaisie, toute d'actualité, le châle d'organdi, rehaussé d'un chef d'or de neuf lignes environ, tissé avec l'étoffe, à quatre doigts du bord; puis, en dedans du châle, longeant le *chef*, un ramage, crochet de Paris, couleur et or, genre mauresque, du plus charmant effet.

Pour les robes, la forme en redingote est de saison; les étoffes sont variées à l'infini; mais les couleurs mauve, lilas, bleu-clair, rose-pâle, sont celles adoptées généralement.

Les toilettes étaient d'une élégance toute particulière à la réprésentation des *Doux Jeunes Femmes*, dit le *Bon Ton*, en parlant du théâtre de la Renaissance. C'était une mise recherchée, mais sans une somptuosité d'apparat. Nous avons, dit-il, à soumettre à nos lectrices une remarque qu'elles auront faite bien avant nous; c'est que si chaque théâtre a son ensemble et chaque salle un aspect à part, si les dames ne mettent pas indifféremment la même toilette pour aller aux Français ou pour se rendre à l'Opéra, ces mêmes différences se subdivisent en une infinité de nuances. C'est ainsi, par exemple, que la même assemblée n'assistera pas avec un même costume aux grands développements d'un drame de Victor Hugo, et aux piquantes péripéties d'une comédie de Scribe ou de Mélesville.

C'était donc un demi-négligé, tout de fraîcheur et d'ingénieuse coquetterie que les dames avaient spontanément adopté pour les *Deux Jeunes Femmes*; les dentelles, les lingeries de mademoiselle Sabatino et de madame Hernoga, les tissus, les organdis de Delisle et de Gallois-Gignoux étaient en majorité, s'harmoniant au mieux avec des pailles de riz, des capotes de crêpe lisse, de dentelles gothiques et de soierie avec ornements composés de chêvrefeuille, de paquerettes, de palymonics et de roses. Combien elle était jolie cette paille de riz portée par la jeune marquise de S... Combien ce frais visage, ce cou si gracieux et si blanc recevait d'éclat sous cette passe légère, décorée de biais en crêpe lisse azuré, ayant pour bordure une petite blonde argentée, se mêlant à des fleurs de Batton!.. Ce chapeau délicieux était de madame Dasse;

c'est aussi à cette habile modiste que madame la duchesse de *** avait commandé un chapeau à la Zéla, en crêpe rose, composé de bouillons superposés d'où s'échappait un voile spacieux en crêpe assorti ; une pareille coiffure, toute diaphane, toute aérienne, produit sur le visage et sur de belles épaules un effet difficile à décrire. Une femme apparaissant entre cette gaze et des fleurs, sous les mille reflets qui résultent de cet ensemble, a l'air d'un ange sortant d'un nuage. M. Elie Godin, coiffeur à Douai, venu tout exprès pour étudier les modes nouvelles et, qui se trouvait mêlé à cet essaim de beautés, a profité d'une place commode pour prendre le croquis des deux plus jolies coiffures de l'assemblée, et les offrir à ses belles clientes; cela fera, disait-il, diversion à celles que j'ai étudiées chez Croisat et chez Maritton.

L'ILE HARMONIEUSE DU ROI DES MORES.

LÉGENDE ESPAGNOLE.

Je descendais des gorges de la Sierra, monté sur un vieille mule de louage. Une vaste plaine se découvrit devant moi. Ce fut un coup d'œil magnifique, de tous côtés je n'apercevais que des bois d'orangers, de citronniers, d'oliviers et de dattiers, coupés par une longue route droite et unie. L'atmosphère m'enivrait des plus doux parfums. Le ciel était d'une pureté parfaite; le plus léger nuage ne ternissait pas l'éclat de son azur. Le soleil de l'Andalousie brillait dans toute sa splendeur, ses rayons se jouaient sur les fruits de l'oranger qui étincelaient au milieu du feuillage comme des globes d'or. Cependant, toutes ces merveilles étaient loin de me satisfaire; la lumière m'éblouissait, j'étais dévoré par la chaleur et les moucherons. La route était déserte et silencieuse; on n'y trouvait pas un toit pour se reposer, le plus petit ruisseau pour se désaltérer. Il est vrai qu'à chaque instant je sautais à terre pour cueillir des oranges que je pressais sur mes lèvres avec délices; mais ce plaisir me coûtait d'horribles frissons ; je ne pouvais pas toucher aux branches d'un arbre sans entendre glisser quelque serpent à côté de moi. Ajoutez que j'étais seul, que je n'avais avec moi personne que je pusse accabler des exclamations que m'arrachaient la fatigue et la soif. J'étais tourmenté par le besoin de société; je crois que, dans ce moment, je me serais pris d'amitié pour le premier venu, pour un contrebandier, pour un brigand des Pyrénées, et même pour le moine le plus gros et le plus stupide des Espagnes si je l'eusse rencontré, et qu'il m'eût frappé dans la main. D'heure en heure je voyais passer un Espagnol enveloppé dans un ample manteau; j'essayais de lier conversation avec lui en demandant si j'étais encore bien éloigné de Monte del Carpio; il me lançait un regard farouche sous son large sombrero, me répondait gravement un mot, et me laissait derrière lui avec ma pauvre monture. Je comparais ce beau pays désert et monotone aux campagnes de la France, si animées et si riantes, et ces Espagnols sombres et taciturnes, à nos villageois si avenans et si causeurs, qui du matin au soir font retentir l'air de leurs joyeuses chansons. Cette comparaison me remplissait de mélancolie ; ma pensée franchissait les Pyrénées, et me représentait mille objets adorés. Je cheminais ainsi en rêvant lorsque j'entendis derrière moi le piétinement de plusieurs chevaux.

(La suite au numéro prochain)

34ᵉ LIVRAISON.

HISTOIRE DE LA COIFFURE ET DU COSTUME

DEPUIS L'ANTIQUITÉ JUSQU'A NOS JOURS.

PREMIER ARTICLE.

Les habillemens, aussi variés que les climats et les mœurs, tiennent aux uns et aux autres, et particulièrement aux dernières dont ils indiquent l'état, par leur richesse ou leur simplicité. A cet égard, comme à beaucoup d'autres, l'influence des causes naturelles fut bientôt subordonnée à celle de l'état social, où l'homme n'est plus régi que par l'opinion, ou plutôt par la mode, cette impérieuse maîtresse qui nous attache à son char, même en dépit de notre volonté. Mon intention ainsi que je l'annonçai dans ma vingt-cinquième livraison, est de tracer dans une suite d'articles que je m'efforcerai de rendre aussi intéressans que possible, l'histoire du costume et partant de la coiffure qui en forma toujours la partie essentielle : mes lecteurs me sauront gré sans doute, d'un travail aussi pénible et qui sera pour eux d'une incontestable utilité ; je les recommande principalement à ceux d'entr'eux qui coiffent pour les théâtres, ou qui lors des bals travestis sont appelés, ce qui arrive fréquement, à mettre la dernière main à un costume historique ; au moyen de ces connaissances ils ne seront plus exposés à commettre de grossiers anachronismes, et nous ne verrons plus sur la scène, comme au xviiiᵉ siècle, et même de nos jours, Brutus la tête affublée d'une perruque à marteaux, et Caton le censeur barbouillé de rouge comme un héros de ruelles.

Du besoin naquit l'industrie, mais bientôt cette fille trop féconde, véritable Protée se métamorphosant, se présentant sous mille formes diverses, inonda les champs de sa source, et rien ne pût dès lors suffire aux nombreux besoins qui se ruèrent sur la terre comme des coursiers indomptés.

Des feuilles suffirent d'abord pour garantir l'homme des intempéries auxquelles sa dégénération l'avait rendu trop sensible ; bientôt les circonstances locales, les productions du territoire, déterminèrent le choix des matières, la température indiqua la forme et l'étendue, puis vinrent le goût, le luxe, la mollesse, la religion, les révolutions politiques elles-mêmes, qui multiplièrent les changements, excitèrent les recherches, amenèrent les découvertes et modifièrent l'emploi des objets de diverses natures qu'ils soumirent à leur usage.

Dans tous les pays, dans tous les temps, la coiffure a toujours été la partie du vêtement la plus variée ; les anciens avaient, dans le principe, la tête nue, leurs longues chevelures les protégeaient suffisamment contre les rayons du soleil ou contre la rigueur du froid ; mais quand les hommes s'armèrent les uns contre les autres, quand les peuples créés pour être unis se déclarèrent la guerre, il fallut songer à se couvrir la tête ; et de la nécessité de se défendre naquit la première coiffure. Long-temps encore on ne la porta qu'à la guerre, long-temps encore cette partie du costume fut exclusivement militaire, casques, bonnets, turbans, peu importe le nom, la matière ou la forme, ne différèrent en rien pour l'usage ; on les fit de cuir, de nerfs tissus, de bois, de fer, d'airain ; à leur solidité, on joignit la ressemblance des animaux afin d'inspirer de la terreur aux ennemis : on les surmonta de cornes de bœuf, de crinière de cheval, de figures fantastiques, effroyables, de celle même de la mort.

Il serait fort difficile, sinon impossible, comme on doit bien le penser de de spécifier quelles étaient la couleur et la forme des vêtemens en usage chez chaque peuple de l'antiquité, aussi me contenterai-je de jeter un coup d'œil rapide et général, sur tous ces petits royaumes de l'Asie Mineure qui n'ont joué aucun rôle important dans l'histoire, et je ne m'arrêterai que sur les nations qui par leur puissance, leurs richesses, leur civilisation, sont comme des phares étincelants au milieu du vaste désert de l'antiquité.

Chez les anciens, la robe longue et flottante fut toujours en usage dans la vie civile, comme elle l'est encore de nos jours dans une grande partie de l'Orient. Le costume que nous portons, n'est qu'un composé bizarre, résultant de celui qu'on portait à la guerre, et qui n'a pu commencer à devenir commun que pendant ces temps de barbarie, où l'on conservait les armes, même au sein de la paix. On retrouve pourtant, dans les monumens des premiers siècles de notre monarchie, quelques grossières images des draperies anciennes, fruit du mélange des peuples du Nord avec ceux des contrées envahies ; mais n'anticipons pas sur les temps et reportons-nous chez les Egyptiens, le premier des peuples civilisés dont les monumens concourent avec l'histoire à nous faire connaître le costume.

Les anciens Egyptiens n'avaient pas été créés pour le luxe et la coquetterie ; car, outre que leur caractère était en général mélancolique et contemplatif, la structure de leur corps ne présentait rien d'agréable ni de gracieux. La nature qui favorisait si admirablement les femmes sous le rapport de la fécondité, les avait traitées en véritable marâtre sous celui de la beauté. On en voit de nombreux exemples dans les figures représentées sur les monumens, et dans celles qui sont peintes sur les momies ; et sans doute les Egyptiens n'auront rien négligé pour leur donner une ressemblance parfaite avec les morts, puisque nous savons quelle attention ils apportaient dans la pratique d'embaumer les corps, afin de conserver tout ce qui pouvait les rendre reconnaissables. Il ne faut pas croire cependant que les Egyptiens avaient renoncé à toute idée de luxe, et qu'ils ne cultivaient pas l'art de séparer : les femmes déployaient au contraire un faste écrasant ; elles avaient un goût immodéré pour les pendans d'oreilles, les bracelets, les colliers, les agraffes précieuses, et ne négligeaient rien pour faire ressortir le peu de charmes que la nature leur avait donnés.

Les hommes, au temps d'Hérodote, et probablement après lui, portaient une une longue robe nommée *Colasiris* qui descendait jusqu'aux pieds, et souvent était ornée par le bas, d'une bordure large et plissée ; ils jetaient sur cette robe un manteau d'étoffe blanche assez semblable au *Pallium* des Grecs dont nous parlerons plus loin. Les prêtres, comme nous les montrent les vieilles gravures, ne portaient souvent que la robe qui prenait au-dessous du sein, où elle était assujétie par une ceinture ; quelquefois même, ils n'avaient qu'un tablier plissé autour des hanches et des reins, comme en eurent plus tard les Victimaires romains. Les Commerçans et tous ceux qui par leur profession, étaient exposés aux intempéries des saisons, avaient à leur robe un large collet qui couvrait les épaules ; les moins fastueux ne portaient qu'une tunique et un manteau très ample ; les plus jeunes enfin ne portaient qu'une tunique fort courte, qui laissait les jambes presqu'entièrement découvertes. Les femmes avaient la tunique, la robe et le manteau : la tunique, ou vêtement du dessous, était faite d'une étoffe extrêmement fine et légère, elle remontait jusqu'au cou, et cachait entièrement le sein, sans pourtant en déguiser les formes ; les manches en étaient courtes et ne couvraient que la partie supérieure des bras à peu près comme les chemises que les femmes portent de nos jours. La robe prenait au-dessous du sein, où elle était maintenue par le manteau, dont les bouts, ramenés sur les épaules, venaient se nouer sur la poitrine : la robe ainsi attirée en haut formait sur les hanches quelques plis ondoyans et pleins de grâce. D'autres Egyptiennes sont représentées sans manches à leurs tuniques, et quelques-unes même paraîtraient entièrement nues, si l'on n'apercevait à l'extrémité des jambes et autour du cou, un léger rebord qui indique un vêtement d'une grande finesse et presque adhérent au corps.

La coiffure, selon Winkelmann était généralement la partie la plus soignée et la plus variée du costume des Egyptiens ; contrairement à la coutume adoptée par les Perses et par la plupart des Orientaux, ils avaient presque toujours la tête nue, et l'histoire nous rapporte, que longtemps après une bataille, il était encore facile de reconnaître les Egyptiens à la dureté de leurs crânes. Beaucoup sont représentés avec des chaperons ou des bonnets, à quelques uns, ce chaperon descend en deux larges bandes, toutes plates, tantôt arrondies en dehors, et flottant sur les épaules; d'autres fois le bonnet ressemble à une mitre, quelquefois aussi, il est aplati par le haut, comme ceux qu'on portait il y a trois siècles environ, dans le goût par exemple de celui que porte Alde Manuce le père, dans les portraits que nous avons de ce célèbre imprimeur (1). On sent du reste que la coiffure, comme toutes les autres parties du costume, devait varier suivant les conditions, l'âge, la fortune, ce qui concilie l'autorité des monumens avec les témoignages des historiens.

La coiffure variait encore plus chez les femmes que chez les hommes ; les unes se couvraient la tête de voiles ou de larges chapeaux de joncs qui cachaient entièrement leurs chevelures ; d'autres portaient une sorte de bonnet dont l'étoffe très plissée tombait en deux bandes sur la poitrine après avoir ceint le front; dans ce cas les cheveux étaient séparés sur le devant de la tête et retombaient de chaque côté du visage en longues boucles dites tirebouchons comme nous le montrent les statues des femmes Egyptiennes qui nous sont parvenues. Il est un fait digne de remarque, c'est que cette nation dont les costumes servirent si longtemps de modèles aux peuples de la terre, avait une coiffeure (quelque fussent d'ailleurs les diverses modifications très légères que chacune d'elles y apportait) toujours ample sur les côtés et plate sur le sommet de la tête. Lors des réjouissances publiques, la plupart des femmes, et principalement les jeunes filles, quittaient leurs voiles et leurs bonnets, et se plaçaient sur la tête des couronnes de fleurs odoriférantes, ou de biblos; leurs cheveux rejetés en arrière, laissaient à découvert le front et les tempes, et venaient former dans le bas de la fossette une sorte de chon composé assez généralement de coques sans être crêpées et d'échappés de frisure. Il n'était pas rare de rencontrer des chevelures d'une grande beauté ; Bérénice, épouse de Ptolémée Evergète (le bienfaiteur) en avait une remarquable par sa longueur, pendant une expédition que son époux fit en Syrie, elle avait promis aux Dieux que s'il revenait vainqueur, elle leur consacrerait ses cheveux. Ptolémée triompha, la reine tint sa promesse, se fit couper les cheveux et les déposa sur l'autel de Vénus On s'aperçut bientôt de leur disparition; le monarque irrité allait envoyer les prêtres au supplice, lorsqu'un célèbre Astronome nommé Conon, se présente et lui dit : Seigneur, levez les yeux, voyez au ciel ces sept étoiles qui sont à la queue du dragon, c'est la chevelure de Bérénice que les Dieux ont enlevée, et qu'ils ont placée dans les cieux comme une constellation favorable. » Le roi crut ou feignit de croire cet ingénieux mensonge,

(1) Ce bonnet à barbes, tout d'une pièce, était fait en étoffe de laine unie ou richement brodée, ou bien, et cela la rendait encore plus pittoresque avec de tissu de joncs fendus et aplatis.

il laissa la vie aux prêtres, et ordonna de rendre des hommages solennels à cette constellation qui depuis a conservé le nom de Bérénice. Le poète Callymaque l'a célébrée dans une hymne que Catulle a traduite.

Quelques figures de femmes portent sur la tête un tour de cheveux postiches ayant des anneaux assez courts, ces frisures, ainsi que les tirebouchons flottants, dont nous avons déjà parlé se frisaient, vraisemblablement au fer rond; ce qui nous porte à le croire, c'est que dans les premiers temps de la république les Romains qui copiaient les modes Egyptiennes se servaient de cet instrument qu'ils nommaient *calamist*; mais à la plupart, et entre autres à la statue d'Isis, ce tour paraît être composé de plumes, ce qui me confirme dans cette croyance, c'est que l'Isis que le savant Winkelmann a insérée dans ses monuments de l'antiquité, porte sur la tête une poule de Numidie, dont les ailes se rabattent sur les côtés et dont la queue descend par derrière. Une coutume non moins originale des Egyptiens, était de se raser la tête, et de ne laisser qu'une seule boucle de cheveux au-dessus de l'oreille gauche; coutume absurde, ridicule et qui donnait à leur physionomie beaucoup de ressemblance avec celle des Chinois.

Il ne faut pas croire après cela que les Egyptiens restèrent stationnaires; ils firent au contraire de très rapides progrès dans le luxe et la mollesse, et lorsque les Romains s'en allèrent, conquérants, porter de toutes parts avec leur domination, leur goût pour les beaux-arts et la toilette, on vit bientôt les têtes égyptiennes perdre leur forme plate et lourde pour pendre les allures de celles grecques que les Romaines cherchaient à imiter. Quelle cour fut jamais plus brillante que celle de Cléopâtre? Quelle femme sût mieux rehausser l'éclat de ses charmes, par la pompe de la toilette que cette reine célèbre dont le nom seul fait naître l'idée de la magnificence, et séduisit successivement deux des plus fameux capitaines des temps anciens, le grand César et cet infortuné Antoine qui périt victime de l'amour? On vit un jour Cléopâtre remonter le Cydnus dans une galère dont la poupe était éclatante d'or, les voiles de pourpre, les rames garnies d'argent : sur le tillac s'élevait un pavillon où brillaient des étoffes tissues d'or; la reine était mollement couchée sur de précieux tapis, vêtue comme on représente Vénus, ayant à ses pieds ses deux enfans déguisés en amours, et entourée des plus belles femmes de la cour; les airs retentissaient du son mélodieux des instruments, on brûlait sur le pont des parfums qui répandaient au loin leurs suaves odeurs, et le peuple surpris se pressait en foule sur les rives du fleuve et se prosternait devant Cléopâtre comme devant une divinité.

Dans une autre fête elle parut avec Antoine sur un trône d'or massif, où l'on montait par des degrés d'argent. Antoine qui n'était plus alors qu'un voluptueux Sybarite, portait une robe de pourpre dorée, et avait le front ceint d'un bandeau d'or. Cléopâtre assise à sa droite, se montrait coiffée dans le style grec, couronnée du diadème, vêtue d'une robe éclatante par de riches broderies faites d'une étoffe précieuse et jusqu'alors exclusivement réservée à couvrir la statue de la déesse Isis.

Il y eut alors en Egypte un débordement de luxe, chacun s'efforça d'imiter la somptuosité de la reine; jamais cette belle contrée n'avait été plus puissante et plus riche; tous les rois de l'Asie venaient déposer leurs hommages aux pieds d'Antoine et de sa belle amante; ce n'était qu'une suite non interrompue de festins et de fêtes. Ainsi le moment qui précéda la ruine de l'Egypte était celui où elle jeta le plus grand éclat; semblable à ces feux brillants qui terminent les fêtes et qui après avoir un moment égalé la splendeur du soleil,

l'Art dans la Mode
34.e Liv.on
Juillet 1838
1
Croisat.
4
Rouleau.
2
Bouchard.
3.
Rouleau.
6.
6 bis
5.
Etié.
Croisat.
Croisat.
LES CENT-UN
On souscrit à la Direction
rue de l'Odéon. 33.
à Paris

s'éteignent et sont bientôt remplacés par une épaisse fumée, et puis enfin par une obscurité profonde.

Voilà tout ce que j'ai pu recueillir de plus remarquable sur le costume des anciens Egyptiens; les monuments sont nombreux il est vrai, mais ils se contredisent souvent, et sont rarement d'accord avec les témoignages des historiens; il faut donc marcher avec précaution au milieu de cet inextricable labyrinthe, car souvent en voulant faire briller la lumière on serait exposé à rendre les ténèbres plus épaisses. Ce que j'ai dit suffira cependant pour montrer à mes lecteurs, que les anciens Egyptiens, excepté toutefois sous le règne de Cléopâtre, n'avaient rien de gracieux dans leurs costumes, et que sur ce point, comme sur beaucoup d'autres, ils différaient essentiellement des autres peuplez de l'Orient, dont les vêtemens et surtout les coiffures, sont encore de nos jours des modèles d'élégance et de bon goût.

DESCRIPTION DES COIFFURES.

N. 1.— Coupe de cheveux d'été ; par **CROISAT**.

Pour qu'un homme ne soit incommodé par ses cheveux, il faut les lui couper extrêmement courts par derrière en ménageant toutefois ceux de recouvrement ; car la mode veut qu'on ait toujours la couronne de boucles ; pour cela, on effile toute la chevelure par les pointes, puis on donne des coups de ciseaux par derrière, en biaisant, et en prenant de bas en haut. Le devant de la touffe offrant l'inconvénient de retomber sur le visage, on en rabat la moitié ou le tiers, pour les couper en chevauchant, à 25 ou 30 lignes de longueur, cela allégit la coiffure et développe le front.

N. 2.—Coiffure par M. **BOUCHARD** de Frontonas, élève de M. Croisat.

Nouez d'abord les cheveux à la hauteur de l'oreille et ensuite posez sur le cordon un rouleau de 33 pouces, pris par le milieu ; ce rouleau, *dit à la Renaissance*, se couvre de cheveux et de perles et se pose en serpentant sur le derrière et les côtés de la tête sans que cela gêne pour le coiffage du devant qui comporte aussi bien la frisure que les bandeaux.

N. 3 et 4.—Coiffures M. **ROULLEAU**, de Poitiers.—Première figure.

Moyen de parfaitement dessiner une coiffure en tous sens, soit une dame coiffée ou un cachefolie sur une tête. Vous placez votre tête sur une table, si c'est une dame, vous la faites placer sur une petite chaise de manière à ce qu'il n'y ait que son cou au-dessus de la table; cela fait, vous avez un cadre vide dans lequel vous avez tendu des fils blancs de 18 lignes en 18 lignes, dans le sens vertical et horizontal, ce qui forme plusieurs carrés égaux; vous le mettez devant votre tête coiffée à 2 pouces, puis, placé à 1, 2 ou 3 pieds du cadre, vous dessinez votre coiffure ayant eu soin de former au crayon sur votre papier des petits carreaux d'un demi-centimètre (ou plus) reproduisant sur une petite échelle ceux du cadre; par ce moyen il est impossible de s'écarter d'une ligne à droite ou à gauche et de ne pas obtenir la grandeur et la

forme exacte des coques, tresses, cordes, rouleaux, des touffes, de la pose des ornements, en un mot on doit obtenir l'ensemble le plus parfait étant guidé ainsi par tant de lignes.

J'observerai que le cadre doit être cloué sur la table, que la dame doit rester immobile, et que pour que l'œil du dessinateur ne puisse pas s'écarter du point de vue, il est bon de clouer au bord de la table, près de soi, une planche ayant un trou de quatre lignes, placé à la hauteur de la coiffure et au travers duquel on regarde au fur et à mesure l'objet à dessiner. — Deuxième figure. Pour cette coiffure on attache les cheveux assez bas, on fait une corde en deux, fortement tordue, on forme l'anneau du haut dont la partie gauche s'approche de la tête tandis que la droite s'en éloigne; la moitié de la corde restant on la passe derrière l'anneau formé et dessus le lien pour venir former l'anneau du bas dont la partie de droite s'approche de la tête, la gauche s'en éloignant; cela imite exactement deux chaînons d'une chaîne. Cette coiffure, quoique simple, est fort jolie, les anneaux se contrariant et se détachant de la tête, effet que la gravure ne peut rendre. Avant de former les anneaux, un chapelet de perles entoure la corde à puits et en forme la troisième branche; du bout qui reste on en ceint deux fois la tête en passant au haut du front. Derrière l'anneau du haut se pose la plume sur le dos, elle fuit vers la gauche légèrement inclinée et formant à son extrémité une mœlleuse spirale qui, vue de face, produit un gracieux effet ; le devant est formé de deux tresses en 5 bordure, surmontée chacune d'un petit glaive en or.

N. 5. — Coiffure par M. ÉLIE, de Paris.

Dans cette coiffure il y a deux petits rouleaux qui contiennent chacun un fil de fer, seule chose que je signalerai parce que des cordes et des torsades, tout le monde en a fait: mes deux bouts de rouleaux, donc, étant ainsi soutenus, je les entoure de perles dans toute leur longueur, et je me ménage un gland de perles à chaque bout, de sorte qu'après avoir ceintré lesdits rouleaux on dirait deux serpents. La couronne n'ayant qu'un bouquet de côté, elle doit avoir une pose inclinée pour céder au poid de la branche de fleurs.

N. 6 et 6 bis. — Coiffure de mariée ; par M. CROISAT.

L'usage des écharpes ayant habitué l'œil à un vide sur le derrière de la tête on a eu beaucoup de peine à se faire à la quantité de plis que fournit un voile de *cinq ou six quarts carrés*, avec cela les coiffures basses, tout en alourdissant la naissance des plis, ont singulièrement rétréci le cadre des variantes, ajoutez que ce grand morceau de tulle n'a ni la richesse du point d'Angleterre, ni les reflets argentés de la blonde, c'est tout au plus s'il se montre quelquefois avec un ruban de satin passé dans l'ourlet. Il a fallu bien du travail, bien des essais pour parvenir à rendre agréable un grand morceau de tulle uni; il a fallu bien étudier le caractère de la coiffure nouvelle pour arriver à faire du joli en pose de coiffure basse, cette pose n'ayant rien de l'antique (Iphigénie) ni du moyen-âge (Marguerite de Bourbon). Il est vrai que la transparance et la légèreté du tulle illusion prête un charme inexprimable à la physionomie et que du moment où l'on fait badiner un tuyauté, ou un bouillonnage près des yeux ceux-ci, remplis de tendresse et d'amour, savent faire oublier les riches broderies du bon vieux temps. Procédez donc pour la confection de cette coiffure de mariée par faire l'esquisse d'un fer à cheval composé de sept coques; doublez la tête du voile pour former les bouillons accompagnateurs, n'employez pas toute la largeur de l'étoffe pour faire votre tête et vous aurez quatre coins

LES CENT-UN

On souscrit à la Direction, rue de l'Odéon, 33.

1. Redingote en Levantine-glacée, Chapeau de soie garni de Gaze-lisse, Châle Bramine.
2. Bonnet-Rachel, garni en Bruxelles gothique, Robe en Mousseline-cachemire, à cœur et à volants.

flottants, deux assez courts en avant, et deux autres retombant jusqu'au bas de la jupe. La fleur d'orange ne devant plus être, pour ainsi dire aperçue, je n'en ai mis que deux petits brins sur chaque tempe. Ce genre, joint à la nouveauté, l'avantage d'accompagner le visage et d'empêcher que le voile ne se replie en arrière au moindre zéphir.

L'ART DANS LA MODE.
COSTUMES DE VILLE.

L'art dans la mode, voilà l'inscription que portera toujours notre bannière, quelle que soit d'ailleurs la couleur que le caprice voudra lui imprimer, quelle que soit la nature du tissu dont elle se composera en telle saison, en tel temps ou par suite des révolutions fashionables qui pourraient surgir du choc de toutes ces rivalités artitistiques et industrielles, des assauts de toilette donnés par nos élégantes dans les somptueux salons de la bonne compagnie, dans les grands théâtres ainsi que dans nos jardins royaux. Mais en enrégistrant les métamorphoses de la toilette, en les reproduisant par des gravures de choix, n'allez pas croire, Messieurs nos anciens souscripteurs, que nous nous écartons du sujet qui a donné lieu à notre grande entreprise, non, et ce serait une grande erreur de croire que la coiffure est étrangère au costume. Au surplus en donnant quelques planches de modes nous ne faisons que remplir les conditions de notre programme de 1836. Ce programme dit positivement que les CENT-UN traiteront de la coiffure et du costume, qu'ils établiront des principes généraux dans la toilette afin qu'à l'avenir on ne soit pas exposé à commettre des barbarismes. Les personnes qui reçoivent l'ouvrage depuis son commencement ont dû même remarquer dans la première livraison, 20 novembre 1836, à la description des coiffures, un article de cette nature ; dans la sixième, un autre article établit d'une manière exacte ce qui sied à la brune et tout ce qui peut embellir la blonde ; et, à diverses époques, nous avons publié des articles qui n'étaient nullement article de coiffure mais qui se rattachaient à cet art par des considérations d'ensemble. Aujourd'hui que notre entreprise est couronnée d'un plein succès, que le grand nombre de pages de texte et de planches nous permet de nous étendre plus que nous ne le faisions dans le courant du premier volume, nous sommes heureux de pouvoir promettre par livraison et sans que cela nuise en rien à ce qui fait la base de l'ouvrage, des articles de modes, des revues et, çà et là un peu de littérature. Nos articles de modes étant faits de concert avec les premiers industriels offriront le rare avantage de la nouveauté unie à l'ensemble qui seul fait le charme dans les toilettes.

N. 1. Cette figure est en petit costume de promenade : son schall *bramine* par l'aimable laisser-aller que lui donne la frange, répond parfaitement au jeté de gaze qui entoure la calotte du chapeau et laisse flotter de longs bouts sur le côté.

N. 2. Les bonnets *Rachel* par l'ampleur que leur donnent les trois rangs de broderie placés sur les côtés s'adressent de préférence aux figures longues, mais on parvient néanmoins à pouvoir le faire accepter par les personnes qui ont le visage plein en exhaussant un peu le fond. Dans ce cas les cheveux doivent être retroussés assez haut pour que ledit fond se tienne toujours un peu plus haut que la tête.

Nous profiterons de l'occasion que nous procurent les chaleurs et la mode pour offrir à nos lecteurs un modèle de robe en mousseline-cachemire et pour faire une distinction entre les étoffes qui appellent les fronces et celles qui ne comportent que les plis plats, distinction fort importante, car la moindre erreur en ce sens pourrait, dénaturant les formes les plus pures, perdre sous une toilette disgracieuse des avantages qu'on ne saurait jamais trop apprécier, et nous dirons que toutes les étoffes de fantaisie telles que l'organdi, la baptiste, la mousseline, la percale et autres de même nature, doivent être froncées et que : la soierie, la laine, le cachemire et le poil de chèvre ne s'accommodent que de larges plis. Il ne suffit pas comme on voit de savoir bien tailler, coudre une robe, de savoir, ce qui est pourtant une qualité, deviner au premier coup-d'œil si la stature d'une femme peut comporter ou non le corsage plat ; non, pour être une bonne couturière, le plus important après une coupe raisonnée c'est de savoir bien employer son étoffe selon la nature du tissu.

Oh ! comme il est aisé de distinguer le vrai talent de la médiocrité, et la couturière fashionable de la petite tailleuse, en considérant le cachet de chaque toilette ; par exemple le costume du matin, pour qu'il soit de bonne mise, doit se composer d'un peignoir blanc garni tout au tour, ayant des manches à la batelière, et une ceinture flottante, et d'un bonnet à la *duchesse* garni de trois rangs de Valenciennes un peu basse.

Le costume de ville, c'est une robe à cœur et à deux volants *non-passepoilées* et sur lesquels se joue la longue frange d'un schall *ulloa-changeant*. S'il survient par hasard une soirée, une élégante prend un bonnet à la *rachel* lequel est garni de *Bruxelle-gothique* et de ruban de taffetas. Un autre bonnet qui convient aussi parfaitement en pareille circonstance c'est le *bonnet-turban* en *tulle-marabout* ayant des barbes-écharpes qu'on retrousse à volonté !

ANNONCES.

AVIS IMPORTANT.

Le Cent-un ayant paru deux fois en janvier, ainsi que cela fut annoncé à l'avance, il ne sortira pas de livraison en août, afin de rétablir le compte des livraisons, qui doit toujours être de douze par année. L'administration croit devoir répéter cet avis, afin que les personnes qui ont souscrit depuis le 10 janvier ne soient pas étonnées de cette interruption.

35ᵉ LIVRAISON.

HISTOIRE DE LA COIFFURE ET DU COSTUME

DEPUIS L'ANTIQUITÉ JUSQU'A NOS JOURS.

SECOND ARTICLE. — DES JUIFS.

J'ai parlé, dans mon premier article, du costume des Egyptiens ; je m'occuperai dans celui-ci des Hébreux, de ce peuple maudit de Dieu, repoussé
par les hommes ; de tout temps classé à part, comme les parias et les Bohêmes,
et dont les débris errans n'ont plus conservé, de leur splendeur passée, que
des souvenirs qui ne s'effaceront jamais. J'aurais pu, en même temps, parler
des Syriens, des Phéniciens et de tous les autres peuples avec lesquels les Hébreux se sont trouvés en contact ; mais j'ai préféré suivre l'exemple de tous
les historiens, et consacrer un article distinct, spécial, à cette nation qui
s'est rendue aussi célèbre par son originalité que par ses malheurs ; dont le
nom se rattache à tout ce qu'il y a de grand et de miraculeux dans l'histoire ;
dont le type de figure ne s'est jamais altéré, malgré les vicissitudes nombreuses auxquelles elle a été soumise, et dont le costume, chez les femmes surtout, nous offre tant de modèles d'élégance et de simplicité, que l'on s'attache
sans cesse à les imiter, particulièrement pour les toilettes de jeunes personnes
et de fiancées.

On rencontre tout d'abord, en entamant l'histoire des Hébreux, un obstacle
assez difficile à surmonter : les monumens manquent ; ce peuple n'a jamais
aimé les arts ; toujours occupé de ses querelles politiques et religieuses, il n'a
jamais pratiqué la peinture et la sculpture, et ne nous a laissé, par conséquent, ni tableaux, ni statues, ni bas-reliefs : on est donc forcé de s'en rap-
porter aux données des livres sacrés, et aux admirables tableaux de Raphaël,
de Rubens, de Mignard, de Lebrun et surtout du Poussin, dont les belles
toiles sont encore les guides les plus sûrs à consulter sur une semblable matière.

Les premiers Hébreux (les patriarches) suivirent la loi commune, et n'eurent, dans l'origine, d'autres vêtemens que des feuilles d'arbres ; mais peu à
peu, la nécessité, l'instinct, l'exemple de leurs voisins, leur enseignèrent
l'usage de la laine, du lin, du coton, et on les vit alors se vêtir d'une robe
longue et flottante, comme en portaient tous les peuples de l'Orient. Ce n'é-
tait, le plus souvent, qu'une pièce d'étoffe sans façon, où il n'y avait rien à
tailler ni à coudre, et beaucoup plus large que longue ; vêtement qui, s'il
n'était pas très-gracieux, laissait au corps une grande liberté de mouvemens,
immense avantage dans un climat où les ardeurs du soleil ne permettaient
pas l'usage des vêtemens serrés (an du monde 3500). Dans le principe, ces
robes étaient toutes d'une couleur écrue, et le riche ne se distinguait du pauvre que par la finesse et la propreté de ses vêtemens ; mais bientôt le luxe
fit des progrès ; ils apprirent à teindre leurs étoffes, à les orner de franges, de
bordures, de broderies, d'agraffes d'or et d'argent ; car si la plus grande opu-
lence des patriarches, au temps d'Abraham, consistait dans leurs troupeaux,
ils n'en aimaient pas moins, on pourrait dire avec excès, le luxe et le faste
extérieur. Ces paroles de l'envoyé d'Abraham, d'Eliézer, à Rébecca, ne lais-

sent aucun doute à cet égard : « Le Seigneur a comblé mon maître (Abraham) de biens, et l'a rendu grand et riche ; il lui a donné des brebis, des bœufs, des serviteurs, de l'or et de l'argent. » La Bible nous apprend encore que ce même Eliézer, voulant prouver sa reconnaissance à Rébecca, lui offrit des bracelets et des pendans d'oreilles de l'or le plus fin. (L'an du monde 3145, et avant J.-C. 1859).

On n'a rien de bien précis sur leur coiffure ; on lit seulement dans la Genèse que, pendant l'hiver, ils se couvraient la tête d'un pan de leur manteau, large pièce d'étoffe qui n'avait aucune forme arrêtée, qu'on jetait sur l'épaule et qui, venant se nouer sur la poitrine, servait en même temps à assujétir la robe autour du corps.

Le costume des femmes différait peu de celui des hommes ; Horace Vernet, dans son charmant tableau d'Eliézer et de Rébecca, nous représente cette dernière ayant pour tout vêtement une robe étroite, sorte de chemise sans manches, ouverte sur le côté et laissant à découvert les épaules, une partie des seins et le bas de la jambe ; cette robe est maintenue par une écharpe brodée qui, après avoir fait deux fois le tour du corps, à la taille, est rejetée sur l'épaule gauche : elle a les pieds nus. La tête est couverte d'un turban rond, fait avec une longue écharpe blanche, faiblement tordue, entourant plusieurs fois la tête et laissant flotter en arrière un bout de 12 à 15 pouces, garni d'un long effilé, coiffure fort répandue chez les femmes hébraïques, et à laquelle on ajouta plus tard la *bandelette-mentonnière*, ornement qui avait le double avantage de consolider la coiffure et de la faire cadrer divinement avec leurs figures caractéristiques. Ce turban, dont la forme plate avance comme pour corriger la saillie du nez, est désigné généralement, par les coiffeurs, les modistes et les costumiers, sous le nom de *type israélite*.

Outre le turban, les femmes avaient encore plusieurs genres de coiffure ; les femmes mariées se couvraient la tête d'un long voile, pour se distinguer des jeunes filles ; celles-ci portaient quelquefois une petite coiffe, placée sur le derrière de la tête ; d'autres fois, elles tressaient leurs cheveux et les ramenaient derrière la tête, à l'aide d'une étroite bandelette de lin ; souvent enfin, elles suspendaient à leurs cheveux un léger voile qui, leur laissant tout le devant de la tête à découvert, venait tomber en plis ondoyans sur les épaules et la poitrine.

Après cela, comme on doit bien le présumer, ces costumes ne restèrent pas toujours les mêmes et se modifièrent, suivant le temps, les lieux, les circonstances. Divisés par tribus errantes, changeant de contrées, selon que la force des choses ou la volonté des chefs l'ordonnaient, les Hébreux furent contraints d'adopter tout ou partie du costume des peuples avec lesquels ils se trouvèrent en contact, et ce ne fut guère qu'après la fuite d'Egypte et la promulgation des lois de Moïse (l'an du monde 2513 et avant J.-C. 1491), qu'ils eurent un costume à eux, un costume national, et, c'est à dater de cette époque seulement que les notions historiques deviennent plus claires, plus positives, et qu'on peut préciser quelque chose de certain sur les mœurs des Israélites, et partant sur leurs vêtemens, qui en furent la conséquence obligée. A partir de cette époque, il ne s'agit plus de patriarches, mais de Juifs proprement dits.

Les Juifs portaient presque tous une robe à longues manches qui descendait jusqu'aux pieds ; ils se la serraient autour du corps avec une large ceinture qu'ils nouaient sur le côté, et à laquelle ils suspendaient leurs armes ainsi que la petite hache que la loi de Moïse leur enjoignait de porter. Par dessus cette robe, ils jetaient un ample manteau de laine ou de coton ; le plus sou-

vent c'était un simple lozange d'étoffe unie, bordé de franges et d'un ruban couleur hyacinthe et orné, aux quatre angles, de houppes violettes. Un de ces angles descendait sur les talons, un autre retombait sur le dos, les deux derniers venaient se nouer sur la poitrine, à peu près comme les châles de nos femmes. Les livres saints parlent souvent de ces manteaux; c'est ainsi qu'on lit au Chap. IV du Livre des Nombres : « Dites aux enfans d'Israël de mettre des franges à leurs manteaux, et d'y joindre des rubans de couleur hyacinthe, » et dans saint Matthieu, Chap. IX : « En même temps, une femme qui, depuis douze années, était affligée d'une perte de sang s'approcha de Jésus, par derrière, et toucha les franges qui étaient au bord de son manteau. »

Lorsque les Israélites étaient en deuil ou qu'ils faisaient pénitence, ils laissaient croître leur barbe en désordre, ils quittaient leurs vêtemens ordinaires pour revêtir une tunique étroite et grossière, sorte de sac qu'ils déchiraient en plusieurs endroits et qu'ils couvraient de cendres ainsi que leur tête, pour témoigner leur affliction ou leur humilité. Sous les règnes de Louis XV et de Louis XVI, nos ancêtres faisaient le contraire, lorsqu'ils étaient en deuil ils ne se poudraient pas les cheveux. C'était aussi le vêtement des prophètes.

Les habits des Juifs étaient de lin, de laine, quelquefois ils en faisaient avec du cuir; mais la loi leur défendait expressément de mélanger la laine avec le lin. Ce qu'ils appelaient *sadin* et les Latins *sindon*, était une espèce de toile de coton, dont ils faisaient d'étroites tuniques qu'ils portaient sous la robe et pendant la nuit.

Les prêtres, qui jouaient un si grand rôle parmi les Juifs, n'avaient rien qui les distinguât du reste de la nation lorsqu'ils étaient dans la vie privée; mais lorsque leurs devoirs les appelaient au temple, ils revêtaient une tunique semblable à l'aube de nos prêtres, et qui était surchargée de franges et de broderies. Ils la serraient autour du corps avec une ceinture large de quatre doigts, qui se nouait par devant et descendait jusqu'à terre. Le costume du grand-prêtre était d'une somptuosité vraiment surprenante. Il avait pour coiffure une tiare, connue sous le nom de *Cidaris;* c'était une bande de lin d'une extrême finesse, et qui avait au moins 16 aunes de longueur; on la roulait autour de la tête, en forme de turban; elle était ornée d'une triple couronne d'or, et toute parsemée de diamants; sur le devant de cette tiare se trouvait une large lame d'or massif, qui descendait sur le front et se fixait à la tiare, à l'aide d'un ruban couleur hyacinthe.

L'habit des rois était plus simple, ils portaient une longue robe blanche et un manteau de pourpre, brodé d'or et d'argent; les signes de leur puissance étaient le sceptre, la couronne et l'anneau.

Les Juifs étaient divisés en plusieurs sectes dont la plupart cherchaient à se singulariser par la forme ou la couleur de leurs vêtemens; c'est ainsi que les Esséniens et les Nazaréens ne portaient que des vêtemens bruns et grossiers et laissaient croître outre mesure leurs cheveux et leur barbe; les Pharisiens, que tous les historiens nous peignent comme les plus fourbes et les plus astucieux des hommes, étaient en même temps les plus ridicules de ces sectaires. Prenant à la lettre cette exhortation de Moïse : « Vous les porterez (les commandemens) sur votre front, entre vos yeux, » ils portaient à leurs bonnets des bandes de parchemin nommés Tephilim ou Philactères, sur lesquels étaient gravés ces commandemens; leurs poignets en étaient également entourés; leurs manteaux étaient très-amples et bordés de longues franges; leurs robes faites d'une étoffe grossière, étaient serrées autour du corps par une grosse corde, et garnie par le bas d'épines acérées qui leur déchiraient les jambes; les scribes étaient vêtus de noir et portaient une écritoire à leur ceinture, ainsi que le font encore en Orient tous ceux dont la profession est d'écrire; enfin les Saducéens, qui comptaient dans leurs rangs les plus puissans de la nation, étaient toujours vêtus avec une recherche ridicule, et affichaient un faste écrasant.

La loi défendait aux Juifs de couper leur barbe, aussi la portaient-ils longue et touffue, et en avaient-ils le plus grand soin, imitant en cela les Orientaux, qui ont pour la barbe une sorte de vénération : ils la peignaient, la lavaient et souvent même ils la teignaient. La plus grande insulte qu'on pouvait faire à un israélite était de lui couper la barbe.

Ils portaient des cheveux courts à l'exception de certains sectaires, et des prophètes qui les portaient d'une longueur excessive. On nous représente toujours le Christ avec une longue barbe rousse et des cheveux flottans sur les épaules. Les jeunes gens des familles riches et puissantes portaient aussi de longs cheveux ; ils les teignaient, les parfumaient, quelquefois même ils y répandaient de la poudre d'or ; mais cette mode était fort peu répandue et ne comptait guère de partisans que parmi la jeunesse opulente, dont le luxe et la mollesse étaient réellement scandaleux.

Les ardeurs d'un soleil brûlant contraignaient les Israélites à se couvrir la tête ; Moïse enjoignit aux lépreux de la porter découverte, afin qu'on pût facilement les reconnaître et les éviter ; chose facile, car les Orientaux ont généralement les cheveux noirs, et la lèpre les faisait blanchir. Ce devait être un hideux et triste spectacle que ces infortunés, dévorés par une maladie qu'on regardait comme incurable, objets de dégoût et d'horreur, chassés de chaque ville, de chaque village, ne pouvant même se désaltérer à la fontaine commune, condamnés à errer sans cesse, sans trouver ni pitié, ni consolation, et terminant leur misérable existence à l'ombre d'un palmier ou sur le sable brûlant du désert.

La coiffure des Juifs n'avait aucune forme bien arrêtée; ordinairement ils portaient une sorte de toque blanche ou de turban, imparfaite copie de celui des autres peuples de l'Orient, dont il n'avait ni l'élégance ni la grâce. Le plus souvent ils se couvraient la tête d'un pan de leur manteau.

Les vêtemens des femmes juives étaient beaucoup plus fins et beaucoup plus élégans que ceux des hommes. Les plus jeunes portaient ordinairement des robes montantes et fermées par devant, connues sous la dénomination de robes à *la vierge*. Les plus âgées avaient des corsages fermés aussi par devant, mais dont l'ampleur était si grande, qu'il formait un pli sur le milieu de la poitrine. Ces robes étaient plus ou moins longues, plus ou moins traînantes, selon l'âge, le rang et la fortune, et serrées autour du corps par une large ceinture de byse qui en arrêtait les plis. Indépendamment de cette ceinture nommée *Zona*, elles se serraient avec de fortes bandes de toile, qui remplissaient l'office des corsets et rendaient la taille plus svelte, plus mince, ce qui nous prouve que les filles d'Israël n'étaient pas étrangères aux ruses de la coquetterie, et que, mues par cette envie de plaire, innée chez toutes les femmes, elles ne négligeaient rien pour augmenter le nombre déjà si grand de leurs attraits.

Les filles de rois se distinguaient par leur longue robe blanche, symbole de la virginité, qu'elles ne quittaient qu'au jour de leur hymen.

Les juives, comme toutes les femmes d'Orient, se montraient fort rarement en public ; et, lorsqu'elles étaient obligées de le faire, elles se couvraient la tête d'un voile qui, selon *Dom Calmet*, leur cachait entièrement le visage, la gorge et la poitrine : ce voile, d'une extrême finesse, leur permettait de distinguer les objets extérieurs ; dans le cas où l'étoffe se trouvait trop épaisse, on pratiquait deux ouvertures à la hauteur des yeux.

Elles aimaient le luxe et portaient une profusion de bagues, d'anneaux, de bracelets d'or et d'argent, enrichis de pierres précieuses, elles en portaient même au bas de la jambe; mais c'était surtout dans les pendans d'oreilles qu'elles déployaient le plus de somptuosité (*Mémoires de l'Académie*, t. XI).

Dans l'intérieur de leurs maisons les juives quittaient leurs voiles, et c'était seulement alors qu'elles apparaissaient dans tout l'éclat de leur beauté. Leur chevelure, d'un noir d'ébène, arrangée avec tout l'art que peut inspirer la coquetterie et le tact qui caractérise toutes les nations d'Orient, leur œil noir et plein de feu, leur sourcils bien arqués, tout, jusqu'à leur profil saillant, leur nez aquilin et leur teint bazanné, se réunissaient pour former un mélange inexprimable de noblesse et de sévérité. Tantôt, leurs cheveux divisés en deux parties égales sur le front et tombant en boucles ondoyantes sur les épaules; mais, plus souvent encore, dirigés en demi-Chinoise vers le derrière de la tête, n'étaient ornés que d'un simple ruban de soie qui les soutenait à leur racine; d'autres fois, leurs cheveux de devant nattés, laissant les tempes et les côtés de la tête à découverts, allaient se réunir derrière la tête, où ils étaient maintenus par une étroite bandelette de soie et de lin, ou par une chaîne d'or. Les jeunes filles du peuple n'avaient le plus souvent, pour tout ornement, qu'une couronne de fleurs gracieusement posée sur un des côtés de la tête.

Les juives prenaient de leur chevelure un soin excessif; elles la parfumaient et la couvraient de paillettes d'or; l'Ecriture sainte parle souvent de cette coquetterie féminine; saint Pierre leur recommandait sans cesse de ne pas rehausser leur extérieur par des cheveux frisés et parfumés : on lit au Chapitre X du *Livre de Judith :* « Elle ôta son cilice, elle quitta ses habits de veuve, se lava le corps, l'oignit d'un précieux parfum, frisa ses cheveux, mit un diadème éblouissant sur sa tête, se revêtit des habits qu'elle avait coutume de porter aux jours de la joie, prit une chaussure très-riche, des bracelets d'or, des pendans d'oreilles, des bagues, se para enfin de tous ses ornemens. »

C'est ainsi que la Bible nous représente Judith, cette héroïne de Béthulie, se préparant à se rendre au camp d'Holopherne. Cet acte de dévoûment et de rare énergie, méritait une apothéose; le Musée-Espagnol du Louvre possède un magnifique tableau de Judith; celui d'Horace Vernet, représentant cette femme dans la tente d'Holopherne, n'est pas moins remarquable et serait un modèle irréprochable, si l'artiste lui avait donné la véritable couleur locale; mais malheureusement il a plutôt suivi les conseils de son imagination poétique, que les données de l'histoire; le costume de sa Judith n'est pas conforme aux détails que les livres sacrés renferment à cet égard; c'est pourquoi nous nous abstiendrons d'en faire la description.

La chaussure des femmes juives, de même que celle des hommes, était la sandale, qu'on fixait au pied avec des rubans ou des lanières de cuir; les femmes plaçaient souvent un croissant d'or ou d'argent sur le coude-pied. Les personnes de distinction portaient aussi des souliers de couleur qui couvraient le pied. Ceux du grand-prêtre étaient couleur de pourpre; mais généralement les Juifs ne portaient de chaussure que lorsqu'ils se montraient en public, autrement ils avaient les pieds nus, coutume qui n'avait rien de surprenant, puisque les parquets de leurs appartemens étaient couverts de nattes.

Le costume varia moins chez les Juifs que partout ailleurs; et lors de leur dispersion (an de J.-C. 70), il était le même, à quelques modifications près, qu'au temps de Salomon (an du monde 2991, et avant J.-C. 1013).

L'ART DANS LA MODE.

COSTUME DE MARIÉE.. COIFFURE DE CROISAT..

La sonnette s'agite, la porte s'ouvre, le coiffeur et la couturière entrent : le premier, muni des fleurs fines qu'il a montées sur des petits peignes pour qu'elles puissent se mélanger aux longues boucles sans qu'il soit besoin d'employer des épingles. Il apporte aussi un coussinet (1), pour bâtir sa coiffure de manière à ce que l'épousée ne puisse pas éprouver la moindre gêne... La jeune fille dont le cœur palpite et les joues se colorent à l'aspect de sa robe aux manches mi-longues et au corsage croisé, composée de pouls de soie et de dentelle d'Angleterre, que renfermait, jusque là, l'énorme carton de la tailleuse, sourit et fixe ses regards sur sa mère qui la bénit ; puis elle s'assied pour livrer sa tête aux soins d'un artiste, qui, pénétré des lignes de sa figure a déjà organisé, dans sa tête, l'échafaudage qui doit mettre le complément à ses riches atours.

PETITE REVUE.

Les nouveaux chapeaux d'automne, et qui seront inévitablement de mode l'hiver prochain, sont faits avec de la pluche frisée au léger duvet, du velours de Chine, de satin, du velours d'épinglé pour le vulgaire, c'est le gros d'Afrique et le pouls de soie, Mais quel que soit le tissu dont ils se composent, il est d'usage de les orner en pareil ; il semble aujourd'hui que les garnitures de ruban aient trop d'éxiguité. Les hauts des calottes sont nus et les ornements sont posés extrêmement bas. Le chapeau nᵒ. 2, de la planche aux modes, peut d'ailleurs donner une idée exacte du genre qui domine en ce moment ; nous ferons observer seulement, qu'ici le panache de plumes est un peu élevé, et, quoique cela soit du ton le plus exquis, ce n'est pas à ce degré de hauteur que le voudrait placé la majeure partie des femmes, les jeunes surtout. Pour dessous de chapeau on prend toujours des fleurs légères et du tul marabout.

Les voilettes ne sont pas de bonne mise, cependant celles en Angleterre sont reçues sur les chapeaux de satin.

Dans nos recherches en nouveautés, nous avons découvert un nouveau genre de bonnet, dit à la Victoria, dont nous croyons devoir faire la description. C'est un bonnet en Angleterre, coiffant très-bas et s'arrondissant sur les joues et rejettant de longues barbes en arrière : ce chef-d'œuvres de grâce qui était commandé à madame Séguin, rue Richelieu, n. 81, par S. M, la Reine d'Angleterre, était orné, à gauche, d'une touffe de petits marabouts tombants, et à droite, d'une branche de fleurs d'or, sorte d'avoine qui se balance au moindre mouvement.

Ce ne sera pas sans intérêt que nos lecteurs apprendront qu'il est, à Paris, une fabrique de fleurs où le goût pour la monture, égale au moins le talent pour l'imitation de la nature. Quelle variété dans les garnitures de robes, les branches pour chapeaux, et surtout, quelle fraîcheur d'idée dans la composition de la *Vendetta*, l'*Egyptienne*, la *Paysanne*, la *Mariquita*, la *Fiora* et les couronnes à la *Renaissance* qui s'allient si bien avec le goût du jour. Aussi M. Chagot, rue Richelieu, n. 81 ; a-t-il obtenu la médaille à la dernière exposition. Il est dans son magasin une demi guirlande composée de fleurs de cotonnier et de trois fleurs de perles, qu'on pose sur un des côtés de la tête et que contrebalance un gros gland de perles qui va flotter du côté opposé, invention vraiment digne d'un succès de vogue et que nous signalerons comme étant la plus jolie monture qu'on ait faite depuis longtemps.

(1) Voir la description de la coiffure n. 2 de la planche aux têtes, coiffure qui ne diffère de celle-ci, que parce que les grandes coques sont par le haut.

LES CENT-UN.

On souscrit à la Direction, rue de l'Odéon, 33

et chez tous les Directeurs de Poste et de Diligences de tous les Pays.

Prix, Paris 10f. Province 11f. Etrangers 12f.

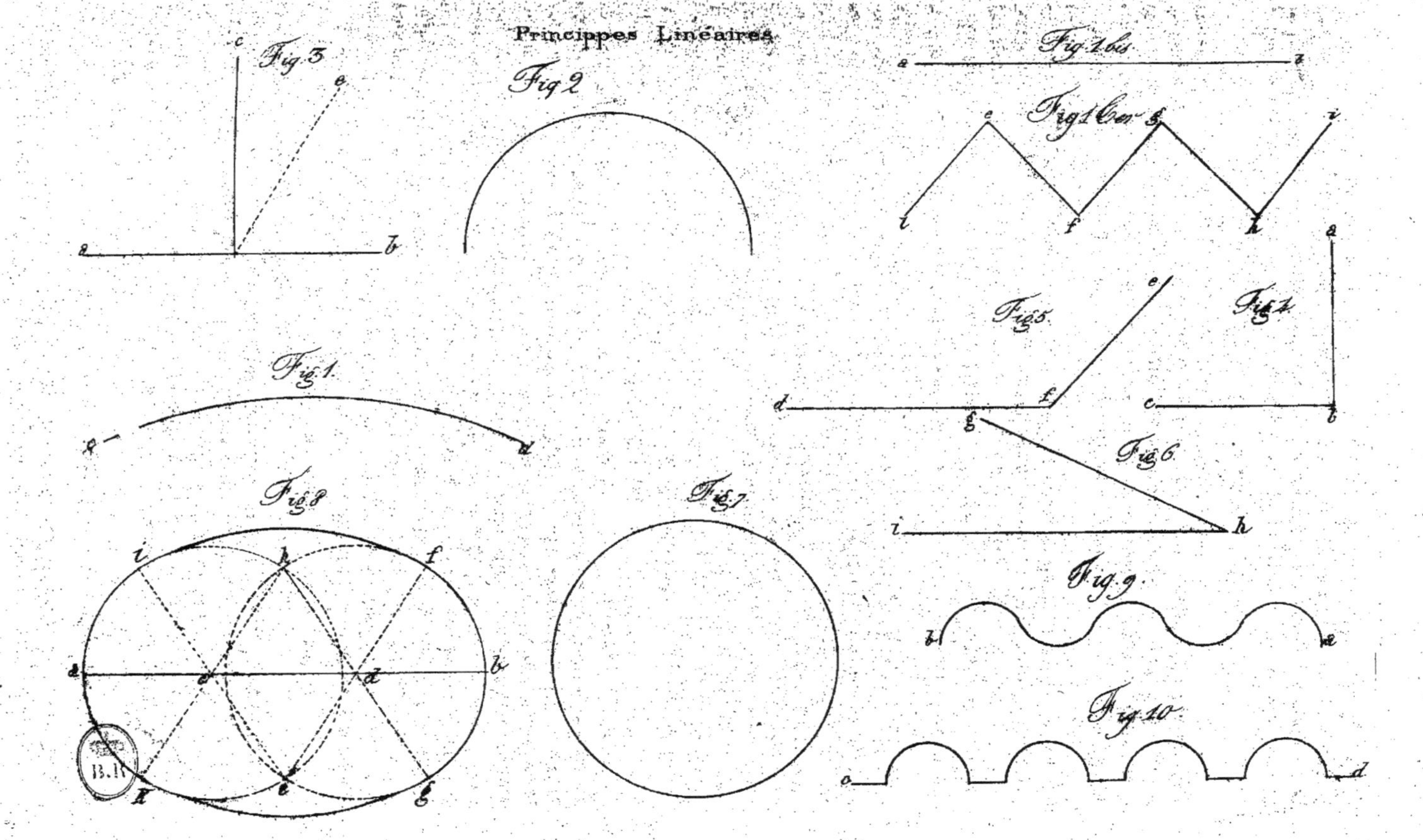

Principes Linéaires
Fig. 1 bis
Fig. 1 Cor.
Fig. 2
Fig. 3
Fig. 4
Fig. 5
Fig. 6
Fig. 1
Fig. 8
Fig. 7
Fig. 9
Fig. 10

DESCRIPTION DES COIFFURES.

N. 1. — Coiffure par M. **ÉDARD**, rue Neuve-Sainte-Eustache, 30, à Paris.

Dans cette coiffure de mariée, ou l'on compte trois masses de cheveux, un rouleau et deux tresses flottantes, un voile de tulle illusion orne, seul, le derrière de la tête ; ce voile ayant deux aunes de long sur cinq quarts de large, posé carrément, passe au travers du rouleau de cheveux devant lequel il forme un bouillon cintré. Des fleurs légères auxquelles se mettent des branches d'oranger accompagnent la touffe gauche, au milieu de laquelle elles se se confondent négligemment.

N. 2. — Coiffure au Coussinet, composée par **CROISAT**.

Après avoir noué les cheveux à la hauteur de l'oreille, le coiffeur prend un coussinet de quatre à cinq pouces, éffilé des deux bouts, qu'il couvre de cheveux pour le placer ensuite autour du cordon : le plus gros du coussinet, ou rouleau, en haut. Cela fait, il rabat tout le restant de la chevelure en avant et la fixe sur ce coussinet ; par ce moyen, la femme ne s'aperçoit pas du tiraillement de la grosse épingle dont on se sert pour retenir toute la masse. Après cela il sépare sa mèche en deux, il forme trois coques à droite et autant à gauche, en suivant le sens du rouleau sur lequel il bâtit son édifice de cheveux, ayant soin que les coques du haut soient plus grandes que celles du bas, afin d'avantager la figure, surtout si elle est pleine comme celle que nous apercevons sous un désordre des boucles de cheveux.

N. 3. — Coiffure par le même.

A l'exemple de Montgolbert, coiffeur de la cour de *Louis Quatorze*, les coiffeurs fashionnables ne se plaisent que dans les papillonnages de dentelles et les jetés de blonde lamée d'or ou d'argent : cette coiffure, où l'on remarque un triple bavolet surmonté d'un croisé de nattes, donnerait une idée parfaite des derrières de tête que faisait le célebre coiffeur des La Valière, si cette parure n'avait été modifiée par les grandes boucles de fantaisie et les barbes de dentelles qui flottent en avant. Pour quiconque veut exécuter cette boucle, je conseille de bien effiler les cheveux dans toute leur longueur, afin que la frisure soit légère et qu'en tirant sur le tirebouchon pour le faire coquiller, un crêpé délicat empêche qu'il ne se fasse des crevés.

N. 4 et 4 *bis*. — Coiffure par M. **GAUDEREAU**, rue Neuve-Sainte-Eustache, 45.

Un morceau de gaze bouillonnant autour du cordon que viennent envelopper quatre coques de cheveux s'échappant du centre du bouillonnage. Une petite chaine d'or venant se croiser sur chaque coque, et puis, un bijou monté sur ressort élastique et piqué au milieu du cordon, voilà tout ce qui compose le chou de ma coiffure.

Mon devant, c'est une passe de turban à *la renaissance*, qu'entourent cinq coques de cheveux formées de la partie supérieure des bandeaux, et ornées comme celle de derrière avec la petite chaine qui, ayant trois ou quatre aunes de longueur, vient aussi entourer deux fois la tête, de manière à former un croisé sur le milieu du front.

N. 5. — Coiffure par M. **NOUGARET**, de Lyon

Pour procéder à l'exécution de ma coiffure, je peigne bien mes cheveux et les laisse flotter sur les épaules de la dame ; je prends deux rouleaux de peignes diaphanes : je les assujétis ensemble au moyen d'un ruban de soie, je partage les cheveux du front à la nuque, tenant ma carcasse de la main-gauche ; de la main droite j'enveloppe le rouleau de dessous avec la partie de gauche, ensuite, celle de droite vient, en passant par dessous, couvrir le rouleau de dessus. Une seule épingle suffit pour arrêter les deux bouts de cheveux, et une grande épingle est nécessaire pour arrêter la grappe de fleurs qui orne le milieu du chou.

Quant à mon devant, après avoir formé mes *Sévigné*, je prends une guirlande de vingt-deux pouces de longueur, j'entoure avec l'un des bouts l'une des touffes; le corps de la guirlande couronne le sommet de la tête, dans le style des coiffures *à la renaissance*, et l'autre bout s'en va tourner au pied de la seconde touffe, où elle forme un second chaperon.

N. 6.—Nouvelle Coupe de cheveux; par **GALABERT**, rue Neuve-Vivienne, 37.

Cette coiffure effilée généralement partout, et où les cheveux sont courts par le bas et assez amples sur les oreilles, exige pour que sa surface soit lisse que les cheveux de l'épi soient longs: cette partie de la chevelure se hérisse toujours lorsqu'on la coupe sur le peigne, et puis, il y a si peu de têtes de forme régulière, que ce *recouvrement* est presque toujours nécessaire pour dissimuler les défauts de construction.

Je conseille, pour tailler sa touffe avec promptitude et régularité, de rabattre les cheveux en avant, de se mettre à la gauche du client; et, après avoir placé les cheveux entre le second et le troisième doigt de la main gauche, de donner un bon coup de ciseau: par ce moyen, lorsqu'on relève la touffe pour la jeter de côté elle se trouve élaguée, et il ne manque plus que quelques coups de pointes pour la disposer à la frisure.

ANNONCES.

IMPRIMERIE DE MOESSARD ET JOUSSET, RUE FURSTEMBERG, 8.

36ᵉ **LIVRAISON.**

DE L'ACADÉMIE DE COIFFURE

ET DE SON SALON D'EXPOSITION DE MODES NOUVELLES. (1)

Cette Académie, ainsi que nous l'avons dit, dans une des livraisons de ce volume, s'occupe, depuis six ans qu'elle existe, à apporter, chaque année, des modifications et des perfectionnements dans le costume de la femme. Ses efforts ayant toujours été couronnés de succès honorables, il semblerait que la séance solennelle de la création de la Mode dût toujours se faire de la même manière. Mais, point du tout, cette année ce n'a pas été comme de coutume; on n'a pas fait seulement qu'une séance préparatoire, pour s'entendre avec les *savantes couturières*, les *grands fleuristes* et les *premiers bijoutiers* de Paris, on en a fait trois de ces séances sérieuses et vraiment intéressantes ; et puis, une commission, ayant pour objet de faire des recherches et de sonder les dispositions du sexe coquet, s'est assurée par avance du caractère et de la forme que le costume et la coiffure devront avoir cet hiver, de sorte que la *création de la Mode*, le *Long-Champs* des toilettes de bal, n'offrira pas seulement, cette fois aux regards du public, que des coiffures plus ou moins adroitement arrangées, mais bien des ensembles complets de parures tels qu'on les verra briller à la cour et dans les somptueux salons.

L'idée de faire un salon d'exposition, quoique hardie et originale, n'en sera pas moins utile aux coiffeurs, aux couturières ainsi qu'aux dames même ; car rien ne sera plus facile à chacun que d'aller étudier, sur nature, la nouvelle mode, afin de pouvoir après, et en connaissance de cause, la copier ou la modifier selon les cas.

Nous ne savons quel membre a proposé l'exposition permanente ; tout ce que nous savons, c'est que tous les académiciens, transportés de joie à l'idée qu'ils allaient former un muséum, se mirent à claquer des mains et à crier : bravo le novateur !!! la proposition fut adoptée à l'unanimité.

Après avoir muri cette idée pendant quelque temps, voici l'arrêté qu'a pris l'illustre l'Académie :

Une exposition de coiffures, faite par les membres actifs, et de costumes nouveaux, fournis par les premières maisons de nouveautés, et confectionnés

---

(1) Ce salon d'exposition, où l'on verra dix coiffures nouvelles et un nouveau costume complet avec coiffure analogue, situé rue de Richelieu, 21 ; ouvrira le 25 octobre, à 2 heures, par une grande seance publique.

Prix d'entrée : 1 fr. par personne.

On pourra se procurer, dans le même local, la planche des coiffures et du costume.

par les meilleures couturières de la capitale, aura lieu cette année, dans un salon situé au centre de Paris, et elle ouvrira le 25 du courant par une séance d'apparat, où le public sera admis (1). A cette séance, après la lecture du procès-verbal, M. le commissaire rapporteur rendra compte des travaux de l'année; puis, le président prononcera un discours sur l'institution académique, où il sera dit un mot de l'art du coiffeur, de ceux de la couturière et de la fleuriste, ainsi que sur l'histoire de la coiffure et du costume : toutes les coiffures et costumes seront gravés, et un exemplaire sera envoyé à chaque membre de Paris et du dehors avec un extrait du procès-verbal de la séance d'ouverture, et une carte d'entrée pour tout le temps de l'exposition.

L'ART DANS LA MODE.

Le chant de la fugitive hirondelle vient à peine de cesser dans notre Paris, et les arbres qui ombrageaient nos belles allées, n'ont pas encore été dépouillés de leurs feuillages, que déjà l'on commence à remarquer, à la promenade, de la fourrure, des châles lourds et des chapeaux de velours. Toutefois, les manteaux ne sont pas aussi communs que certains journaux se plaisent à le dire, car nous n'en avons vu qu'aux dames en équipage qui vont aux Bouffes, lesquelles dames portent, en général, des mantelets à capuchons ; chose qui leur est fort commode pour la sortie, attendu qu'alors elles s'en couvrent entièrement la tête. Ces mantelets, faits avec du satin, sont, ou garnis de cygne ou bien d'une frange d'or.

Il paraît arrêté parmi les pelletiers, qu'on fera prendre les douillettes garnies de fourrures, ainsi que les châles et fichus assortis à ce vêtement. Quant aux châles brodés dont nous offrons ici le modèle, il est de meilleur ton pour une dame, de s'en draper, surtout si la frange est mêlée de torsades d'or.

Les chapeaux, toujours camards et plats de la calotte, sont encore dépourvus de voiles, et il ne paraît pas certain que le froid ramène ce préservatif, car ni *Maurice Beauvais*, ni *Mme Hocquet*, ni même *Alexandre Baudran* ne songent à l'employer dans leurs modes. Quant au bonnets, leur forme varie peu. Plats et reculés sur le sommet de la tête, ils n'ont de garniture que sur le bas des joues ; ce qui, du reste, ne messied pas, vu le décolletement des robes et des fichus, qui exigent que le bas de la figure et le cou soient accompagnés.

Nos industrieux fabricants, voulant attendre la fin des vacances, pour mettre au jour leurs ingénieux produits, nous aurons peu d'objets à signaler ; et, si ce n'est la Chatelaine en chenille (coiffure d'intérieur) ; sorte de calotte tirée

---

(1) Pour le costume modèle, M. Marbeau, rue de la Vrillière, 8, fournira l'étoffe ; M. Vialard, rue de Choiseuil, les garnitures, et M. Ghys, rue du Helder, 11, fera le costume.

de la Renaissance, et qui garnit les oreilles (1), qu'on remarque chez tous les marchands de nouveautés ; et puis, le séjour que la cour a fait dernièrement à Fontainebleau, il nous resterait peu de chose à dire d'intéressant pour le sexe coquet.

Le séjour de la cour, avons-nous dit, a donné lieu à des toilettes remarquables, cela était inévitable ; les nombreuses réceptions produisent toujours cet effet-là. Nous aurions voulu pouvoir en esquisser trois ou quatre qui nous ont paru dignes de remarque ; mais comment pouvoir se permettre une telle liberté ? Il faut donc nous contenter de décrire ce qui nous a charmé par le goût et l'élégance.

La reine avait un chapeau bleu garni de plumes, et elle portait une redingote de mousseline blanche, unie, doublée de bleu et garnie par-devant d'une dentelle haute et froncée en colimaçon ; une coque de rubans bleus sortait de chaque pli. Pour fichu elle avait un petit col à la duchesse et un châle de mousseline, brodé fort richement, en imitation de guipure et garni avec de la dentelle du même genre.

Une autre grande dame avait aussi une robe blanche, mais parsemée de pois ou mouches. Cette robe était doublée en lilas ; le corsage montant n'avait pas de garniture ; un simple col à la duchesse, un chapeau de paille d'Italie orné d'un oiseau de paradis, terminaient cette toilette un peu légère pour la saison. Une troisième dame (c'est une blonde charmante, qu'on dit être l'épouse d'un magistrat), avait une robe d'organdi blanc à petites raies bleue de ciel, garnie d'un large biais sur lequel retombait, en fronçant légèrement, une dentelle de Malines ; le tout surmonté, pour cacher le pied de la dentelle, d'une torsade faite avec deux rouleaux d'organdi, d'un fichu-paysanne en tulle Malines, couvrant ses épaules blanches. Pour ceinture, elle avait un ruban roulé et noué par devant avec de longs bouts. Cette jolie dame avait des manches longues, des manchettes de dentelle et un chapeau de crêpe paille avec des plumes de même couleur, était orné dessous de magnifiques marguerites blanches jaspées de rose vif.

Un autre jour que la reine visitait un petit camp, une dame d'honneur avait une robe de reps-beyrout lilas, à ramages de même couleur, et garnie de trois biais. Un cachemire long, orange, et un chapeau blanc, à plumes, terminait ce négligé de bon ton.

Nous ajouterons que nos merveilleuses ont adopté les robes en gros de Naples : écossais de différents fonds : vert, groseille, ponceau ou gros bleu ; qu'elles portent des brasselets antiques, et des épingles à portraits ou des broches avec fleurs en relief. Pour les hommes, il paraît que cet hiver le paltot recevra sa vrai destination, c'est-à-dire, qu'il y aura cette différence entre le vêtement et la large redingote ; qu'il ne sera considéré de la Jeune France que comme objet de luxe et de fantaisie. La forme la voici : Une seule couture au milieu du dos, dessinant à-peu-près la taille, une jupe aussi longue que cette façon le permet ; une couture en travers pour emboîter les hanches, dissimulée par une grosse gance en soie, faisant le tour du corps.

_____

(1) Déjà on imite ce travail avec de la laine d'Allemagne, et comme ce tricot a le défaut d'user les cheveux, nous conseillons d'y mettre une doublure en soie.

ÉPITRE A JASMIN,

COIFFEUR A AGEN.

FRAGMENT.

. . . .

Faut-il avoir vieilli sur les bancs d'un collége,
Pour posséder des vers l'éclatant privilége?
Faut-il, pour les bien faire, avoir, soir et matin,
Etudié dix ans le grec et le latin?
Parmi les possesseurs d'une langue inutile,
A-t-on souvent vu naître un Homère, un Virgile?
Fallait-il en leur siècle à l'exemple du tien
Qu'un poète connût l'hébreux, l'égyptien?
Je vois que ta raison se refuse à le croire,
Selon toi le génie est père de la gloire.
Maître Adam, Béranger, et toi fameux Jasmin
Avez-vous eu besoin d'un rudiment latin,
Pour attirer sur vous les regarde de la France?
Il vaut mieux être à soi qu'à la réminiscence.

    Poursuis donc vers les cieux

     Ta course fortunée;

     Et que chaque journée

    Te trouve avec les dieux.

Non, ne résiste pas au talent qui t'entraîne,

     Edifie en chantant

     Ces noirs cheveux d'ébene,

     Peins l'amonr de Climéne

     Et le fier combattant.

N'as-tu pas entendu la voix de ce prophète *
Qui ta vu dans l'arène en musculeux athlète.

    Qui mieux que lui pouvait t'apprécier?

  * Béranger.

3

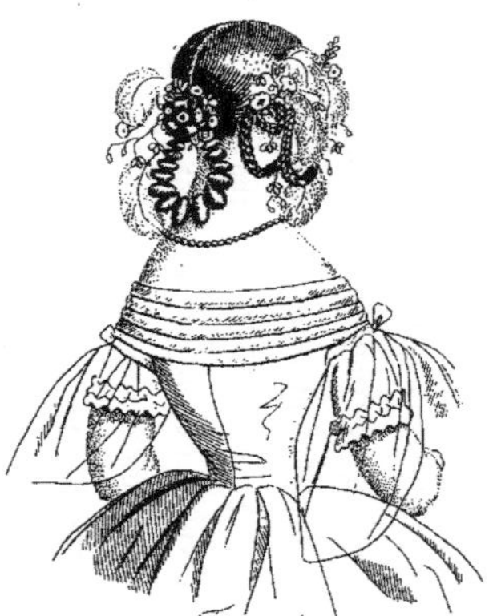

Fournier.

1

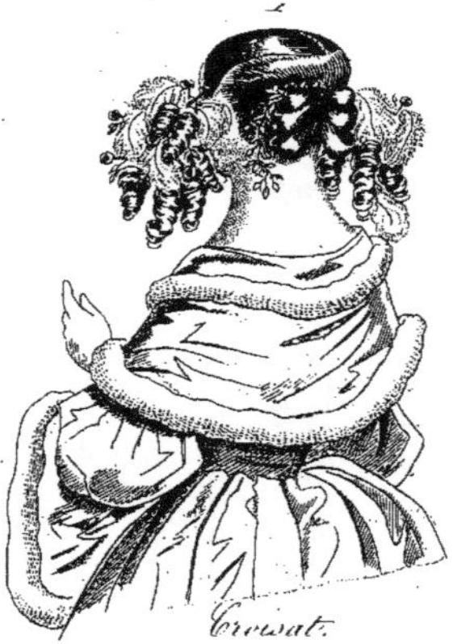

Croisat.

2

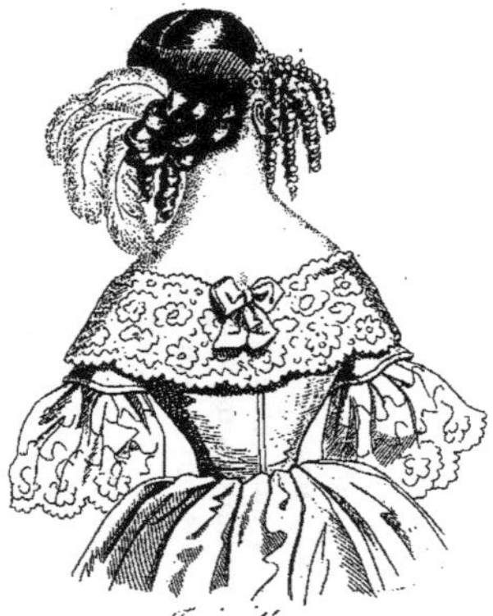

Trindé.

5

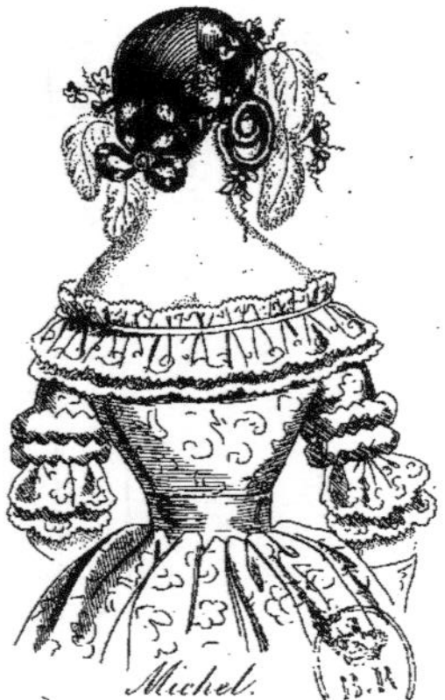

Michel.

4

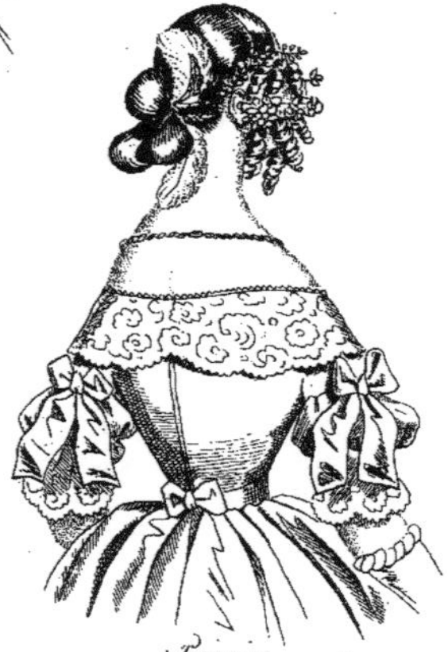

Perrin.

MODE

Genre Nouveau.

Adopté par l'Académie de Coiffure.

Reçois, joyeux et fier, l'enceus pur qu'il te donne

Aussi laisse-moi t'envier

La simple feuille de laurier,

Dont il a tressé la couronne.

Tu sais avec succès chanter nos libertés,

Plus heureux que mes chants tes chants sont répétés.

A peine mon pays m'adresse un doux sourire,

Qu'énorgueilli de toi, le tien t'aime, t'admire!

Fais résonner ta lyre,

Jasmin, chante toujours.

Tu naquis près des lieux, où de gais troubadours,

Ont chanté des héros la gloire et les amours.

Nouveau barde gascon évoque la mémoire,

De tes concitoyens qui vivent dans l'histoire :

Que sur l'aile du temps assis à leurs côtés,

Tu passes avec eux à la postérité.

ROULLEAU, coiffeur à Poitiers.

ANALYSE DES COIFFURES

DANS LE SYSTÈME DE L'ACADÉMIE.

N° 1. — Cette coiffure, par les lignes horizontales qu'elle décrit, tant sur le devant que par derrière, s'adresse aux femmes ayant le visage long ; le peu de recherche qui règne dans la pose des ornements, la rend parfaite pour les physionomies d'un caractère mixte ; tandis que celle n° 2, quoique ayant des ornements pareils, soit par rapport à la hardiesse qui a présidé à la formation du nœud des cheveux, ou bien le jet décidé des marabouts, ne saurait convenir qu'à des femmes au visage chiffonné et aux poses gracieuses.

Le n° 3 appelle principalement un cou long, et les masses qui garnissent les côtés de la tête la rendrait favorable à une personne qui aurait les tempes creuses ou bien les os des pommettes un peu saillants.

Le n° 4 tient du caractère mixte. Ici rien n'annonce l'intention d'attirer les regards ; les coques sont belles, mais sans affectation ; les fleurs et les marabonts enrichissent la coiffure, mais sans la caractériser... Il n'en est pas de même du n° 5. Cette coiffure, avec son demi-cercle de coques, entrecoupées par une lame d'or, s'adresse, de préférence, à une femme à la tête sévère ; les agraffes qui décorent les masses lisses du devant, exercent une action si forte sur les traits, qu'il faut absolument que ceux-ci aient beaucoup de vigueur pour ne pas en être absorbés.

AVIS.

Cette livraison, terminant le troisième volume et contenant la table et la couverture, l'Administration croit devoir rappeler à MM. les Souscripteurs qui auraient égaré quelques livraisons et qui seraient dans l'intention de faire relier l'ouvrage, qu'ils pourront se les procurer dans ses bureaux, à raison de 75 centimes la livraison. Les nouveaux Souscripteurs, qui désireront posséder la collection du *Cent un*, paieront, 1° 14 francs pour les deux premières années; 2° 8 francs pour la troisième; pour les départements : 50 centimes en plus par volume envoyé *franco*.

Malgré l'addition des planches de modes, chose qui donne à cette publication une double utilité, le prix de l'abonnement reste toujours fixé à 10 fr. pour Paris; 11 fr. pour la province et 12 fr. pour l'étranger. Le tout payé d'avance.

MM. les Coiffeurs, les Modistes et les Couturières remarqueront, sans doute, qu'au moyen de cette publication, ils seront tenus, non-seulement au courant de toutes les modes nouvelles, mais encore (voir la table des matières, 34e et 35e livraisons), ils seront aussi initiés à tout ce qui s'est fait de remarquable en costumes et en coiffures chez tous les peuples, depuis les temps les plus anciens jusqu'à nos jours; et la série d'articles qui parait successivement sera, pour les ministres de la toilette, comme un miroir où viendront se réfléchir tous les traits caractéristiques des coiffures et costumes connus.

ANNONCES.

Exposition de 1839.

BROSSES MÉCANIQUES

Inventées par CROISAT, breveté

Rue de l'Odéon, N. 33, à Paris.

Toutes ces brosses de toilettes sont autant de nécessaires qui réunissent à une propreté excessive l'avantage de rendre inutiles plusieurs accessoires, elles accélèrent considérablement le travail du barbifiage, du nétoiement de la bouche et de celui des cheveux.

N° 1 à 6 tubes, avec décors la douzaine		60 f.
2 id. id. id.		54
3 à cinq tubes id. id.		48
id. à filets id.		42
4 à quatre tubes fonds bois id.		36
4 1/2 id. id.		33
5 à trois tubes pour eau athénienne. id.		30
Petites brosses bandeauline en buffle id.		27

Brosses à Dents.

En ivoire, manche en cristal. id.		42
id. en étain. id.		36
Buffle ou os, beaux manches. id.		30
id en étain. id.		24
Brosses à ongle, tête en buffles id.		27

Pinceaux Mousseux.

Manches en cristal garniture ivoire id.		60
id. en os id.		48
id. métal avec décors id.		42
id. à filets id.		36
id. id. moins épais id.		33
id. id. soie blanche id.		24

Eau athénienne pour ôter les pellicules, la livre, 2 f. 50 c. 12 flacons, 12 f.

Huile philotrique-liquide la l. 4 f. 12 flac. 7 f. 50

Gelée brillantine   id. 1   id.   6

Eau dentifrice et des fumeurs id. 3   id.   9

Crême d'amendes liquide   id. 2   id. 12 6

FABRIQUE DE MÉTALLIQUES
DE GUSTAVE BOUDON.
Rue St-Martin, N. 10. A PARIS.

M. Gustave Boudon ayant étudié à fond tous les systèmes de carcasses métalliques, à l'honneur de prévenir MM. les Coiffeurs, qu'il entreprend tous les ouvrages de fantaisies, tels que ressorts à lames fines et polies pour étalages; carcasses à traverses cintrées, découvrant la raie de chair naturelle, etc.

A l'égard des articles d'une vente courante, quoi qu'il y apporte tous les soins et toute la perfection possible, il peut les offrir à des conditions qui ne redoutent aucune concurrence, savoir :

Métalliques à 2 lames, trav. fendue 14 fr. la d.
   id.   2 lam. trav. ouverte. 12 la douz.
   id.   1 lam. trav. fendue 10   id.
   id.   1 lam. traverse simple 8   id.

Sur les fortes commissions il fait un escompte de six pour cent.   (Affranchir.)

TEINTURE POUR LES CHEVEUX.
EAU MÉNALOPHILE.

Avouée par la chimie pour teindre les cheveux, favoris et moustaches en noir blond et châtain, à la minute et sans danger. — Prix : 6 fr. — Madame LOUIS, rue du Vieux-Colombier, N. 5 à Paris. (Affranchir).

GUILLAUME.

Professeur de coiffure, boulevart des Italiens, N. 22, à l'honneur de prévenir MM. les Coiffeurs qu'on trouve, chez lui seulement, les nouveaux ressorts métalliques *anglais* en acier, pour les tempes et oreillons des perruques. Ces ressorts qui sont d'une légèreté excessive et qui peuvent se courber au moindre coup de pouce sans se casser, ont un petit anneau à chaque bout qui sert à les fixer, sans qu'en aucun cas, le ruban puisse être crevé; il vient d'en recevoir de nouveaux qui sont admirables pour tendre les raies de chair. Perruques et toupets d'hommes comme aussi des Ninons, cache-folies et tours; on trouve aussi dans son magasin des ports-touffes perfectionnés.

TABLE DES MATIERES

DE LA TROISIÈME ANNÉE.

XXXIe LIVRAISON.

XXXIIe LIVRAISON.

XXXIIIe LIVRAISON.

XXXIVe LIVRAISON.

XXXVe LIVRAISON.

XXXVIe LIVRAISON.

FIN DE LA TABLE DE LA TROISIÈME ANNÉE.

NOMS DES ARTISTES

QUI ONT FOURNI DES COIFFURES POUR PARAÎTRE DANS
LE TROISIÈME VOLUME DES CENT-UN.

VINGT-CINQUIÈME LIVRAISON.

CROISAT.

VINGT-SIXIÈME LIVRAISON.

CROISAT.
ROUSSEL, rue Albouy, 2.
FOURNIER, de l'académie, rue du Petit Lion-Saint-Sauveur.
MICHEL-ADOLPHE, de l'académie, rue de la Feuillade, 4.
TABARD, de Saint-Germain.
BOUVIER, élève.
CARRIGUE, de Rhodez.
EDARD, rue neuve St-Eustache, 30.
LAURENT, d'Avignon.

VINGT-SEPTIÈME LIVRAISON.

FOURNET, de Moulins.
HERGOUX, de Dunkerque.
BONIVART, d'Alger.
GAUDEREAU, rue Neuve-St.-Eustache, à Paris.

VINGT-HUITIÈME LIVRAISON.

CROISAT, président de l'académie de coiffure.
FOURNIER, secrétaire.
TRINITÉ, commissaire-rapporteur.
MICHEL-ADOLPHE, membre actif.
PERRIN, membre actif.

VINGT-NEUVIÈME LIVRAISON.

CROISAT.
DENIZOT, agrégé à l'académie.
BONNAVIAT, de Clermont.
NAUGARET, de Lyon.
ROM, de Wurtzbourg.
VAN DER HEITEN fils, de Francfort.
BRUN, de Grenoble.

TRENTIÈME LIVRAISON.

CROISAT.
ARVOR, rue Mauconseil.
ASTRUC, agrégé à l'académie.

GILBERT, professeur de coiffure, rue du Bac, 55.
DUPRAT, élève.
BRUN, de Grenoble.
LEON SÉBIRE, de Châteaudun.

TRENTE-UNIÈME LIVRAISON.

CROISAT.
GALABERT, rue Neuve-Vivienne, 35.
AUGUSTE PONTONNIER, rue de Lancry.
HIPPOLYTE PINON, rue Boucherat, 4.
HOLLANDERS, rue Saint-Honoré.
OLIVIER, rue du faubourg Saint-Honoré, 125.

TRENTE-DEUXIÈME LIVRAISON.

PERRIN, de l'académie de coiffure.
CROISAT.
FRÉDÉRIC DE PONTENROGENT.
MICHEL, de Marseille.
TIFFON, de Valence.

TRENTE-TROISIÈME LIVRAISON.

CROISAT.
SIBIE, élève.
DEJEAN, agrégé à l'académie.

TRENTE-QUATRIÈME LIVRAISON.

CROISAT.
BOUCHARD, agrégé à l'académie de coiffure.
ROULLEAU, de Poitiers, membre correspondant de l'académie.
ELIE, rue Mouffetard.

TRENTE-CINQUIÈME LIVRAISON.

CROISAT.
EDARD, rue Neuve-Saint Eutache, 30.
GAUDEREAU, id., 49.
NAUGARET, de Lyon.

TRENTE-SIXIÈME LIVRAISON.

CROISAT, président de l'académie.
FOURNIER, secrétaire.
TRINITÉ, commissaire-rapporteur.
MICHEL, membre actif.
PERRIN, id.

NOMS DES ÉCRIVAINS

QUI FIGURENT DANS LE TROISIÈME VOLUME.

FOURNIER, de l'adémie.
ROUSSEL, rue Albony.
JAY, chapellier, rue des Fossés-Montmartre.
GAUDEREAU, rue Neuve-saint-Eustache.
ARVOR, rue Maucanseil.

BRUN, de Grenoble.
LEMONNIER, rue des Champs-Elysées.
ROULLEAU, de Poitiers.
CROISAT, Rédacteur en chef.

Paris —Imprimerie de MOSSBARD, rue Furstemberg, n. 8.